S

LES

PLANTES HERBACÉES

D'EUROPE

ET LEURS INSECTES.

LES

PLANTES HERBACÉES

D'EUROPE

ET LEURS INSECTES,

POUR FAIRE SUITE AUX

ARBRES ET ARBRISSEAUX D'EUROPE ET LEURS INSECTES

PAR J. MACQUART,

Chevalier de la Legion-d'Honneur et Membre de plusieurs Sociétés savantes

TOME SECOND

Extrait des Mémoires de la Société Impériale de Lille.

LILLE,

IMPRIMERIE DE L. DANEL.

1855.

LES PLANTES HERBACÉES D'EUROPE

ET LEURS INSECTES,

POUR FAIRE SUITE AUX ARBRES ET ARBRISSEAUX D'EUROPE.

2.ᵉ PARTIE.

ORDRE.

DICOTYLÉDONES.

Ces plantes se distinguent des Monocotyledones par deux cotylédons.

DIVISION.

DICOTYLEDONES POLYPETALES.

Dans cette division, la corolle est formée de pétales libres.

Nous avons vu dans les Monocotyledones un seul cotylédon ou feuille séminale destinée à fournir le premier aliment à l'embryon autour duquel elle s'enroule. Ce caractère est si important qu'il paraît déterminer l'ensemble de l'organisation de ces plantes au tronc simple et cylindrique, aux feuilles groupées au sommet en forme de parasol, aux racines semblables entr'elles : c'est la manière d'être la plus simple des plantes phanérogames. Dans les Dicotylédones, qui presentent l'organisation végétale dans toute sa perfection, l'embryon est pourvu de deux cotylédons, et, à ce caractère se joint toujours le tronc conique, qui se termine en cime rameuse, la multitude infinie des feuilles attachées aux branches, et la racine ramifiée. Elles se distinguent encore par la

composition du tronc formé d'une moelle centrale et de couches
ligneuses concentriques, par une écorce complexe, par les
feuilles à nervures rameuses, et par les fleurs munies généralement d'une corolle et d'un calice, et organisées d'après le type
quinaire et ses multiples. Exceptionnellement et sans que cela
influe sur le reste de l'organisation, le nombre des cotylédons est
supérieur à deux dans quelques uns de ces végétaux et particulièrement dans les Conifères. Il y en a trois dans le *Cupressus
pendula ;* le *Pinus Inops* en a quatre, le *Pinus Laricio*, cinq, le
Cupressus Calvus, six, le *Pinus Strobus*, huit, le *Pin pignon*
dix ou douze. Quelquefois, au contraire, les deux cotylédons se
soudent et semblent n'en former qu'un seul, comme dans le
Marronnier et certaines espèces de Chênes.

Les Dicotylédones sont les plus nombreuses des plantes. Elle forment les quatre cinquièmes des Phanérogames, et se divisent en
polypétales, monopétales et apétales. Nous considérons les premières comme moins avancées en organisation que les autres,
parce que les pétales ne sont pas réunis entr'eux par une suture
comme dans les secondes, et parce que les dernières sont le plus
souvent diclines et contiennent généralement les végétaux les plus
composés, les arbres forestiers, les Conifères.

Les Polypétales forment la division la plus considérable de son
ordre. Composées de nombreuses familles, telles que les Polycarpiques, les Rhœadées, les Caryophyllées, les Columnifères, les
Ombellifères, les Calophytes, elles présentent un grand nombre
des plantes qui charment nos yeux, flattent notre goût, calment
nos souffrances, nous présentent une utilité immense pour l'agriculture, l'industrie, les arts, et elles s'introduisent ainsi dans
les grands intérêts matériels des peuples. Pour justifier cet éloge,
nous dirons, sous le rapport de la beauté, qu'elles en présentent
le type même dans la Rose ; elles offrent à la délicatesse de notre
palais les fruits les plus exquis : la Pêche, le Melon, la Fraise,
le Raisin, l'Orange ; elles rafraîchissent notre sang par la Mauve,

le stimulent par l'Angélique, le purifient par l'antiscorbutique Chou; elles enrichissent l'agriculture par les Légumineuses, essence de nos prairies artificielles, à qui nous devons l'abolition de la jachère et l'abondance des bestiaux ; le Colza, le Lin, le Coton, la Betterave, la Garance, qui alimentent nos industries les plus précieuses; le Pavot, base de l'opium, est encore une des Dicotylédones les plus importantes par les qualités de cette substance salutaire, comme médicament pour les peuples de l'occident, meurtrière pour les orientaux, par l'abus qu'ils en font, y trouvant une ivresse délicieuse, mais de courte durée, dont ils ne peuvent renouveler la jouissance que par une consommation toujours croissante et de plus en plus funeste. C'est ainsi que l'opium est non-seulement une cause de mort pour les individus, mais que, devenu un objet de commerce immense, il a suscité entre l'Angleterre et la Chine, une guerre dans laquelle la justice n'était pas du côté de nos voisins.

CLASSE.

OMBELLIFLORES. Umbellifloræ. Bartl.

Voyez les arbres.

Cette classe comprend surtout la famille des Ombellifères, entièrement composée de plantes herbacées.

FAMILLE.

OMBELLIFERES. Umbelliferæ. Juss.

Pétales rétrécis à la base, involutés avant l'anthèse. Disque épigyne. Péricarpe à deux coques indéhiscentes, accolées face à face, se désunissant à la maturité. Axe central persistant. Fleurs en ombelle.

Cette famille présente un type si souvent reproduit dans la nature avec de nombreuses, mais légères modifications, elle conserve si bien l'unité de composition, qu'elle est éminemment naturelle, quoique son caractère le plus apparent ne consiste que dans la disposition des fleurs entr'elles. Elle nous offre en quelque sorte parmi les Plantes Polypétales ce que nous voyons dans les Composées, parmi les Monopétales : des agrégations de petites fleurs qui en composent de grandes. Ici, elles prennent la forme de larges ombelles souvent garnies à leur base d'élégantes collerettes ; et, pour rendre leur analogie avec les Composées plus sensible, les fleurs marginales ont souvent leurs pétales extérieurs allongés à l'instar des rayons des Radiées, telles que les Pâquerettes.

La même unité de composition se manifeste dans les substances qui sé trouvent dans le tissu des Ombellifères. Leurs racines contiennent une matière résineuse, et leurs graines une huile volatile.

Mais autant ces plantes présentent d'unité dans leurs caractères constitutifs, autant elles se diversifient en nombreuses modifications dans les mille espèces connues. La forme des diverses parties des fleurs et surtout des graines varie à l'infini, et elle a donné lieu aux travaux les plus ardus surtout pour la classification de la famille.

Des modifications presqu'aussi nombreuses affectent les substances du tissu, et il en résulte des propriétés qui, bien que généralement aromatiques et stimulantes, se diversifient singulièrement par leur plus ou moins d'intensité et leurs combinaisons. C'est ainsi que les graines ou les racines de la Coriandre, du Cumin, de l'Ache, de l'Impératoire, du Carvi, du Persil et du Cerfeuil offrent chacune une qualité particulière et qu'elles sont employées à titres divers dans la médecine et l'économie domestique. Quelquefois ces propriétés ont une énergie telle qu'elles deviennent vénéneuses, comme dans la Grande et la Petite Ciguë, l'Œnante et quelques autres. D'autres fois elles s'adoucissent et nous leur devons l'Angélique, l'Anis et le Fenouil.

La culture produit sur quelques espèces une transformation qui nous est fort utile : les racines dures et âcres de la Carotte, du Panais, du Céleri, dans leur état naturel, deviennent douces, succulentes, parfumées, par le mucilage, le sucre, la fécule qui s'y développent.

Plusieurs Ombellifères exotiques produisent des substances dont quelques-unes ont de la célébrité. L'Assa-fœtida, dont les Orientaux font leurs délices, est une gomme-résine qui provient d'une espèce de *Ferula ;* l'Opoponax de nos pharmacies découle par incision d'un *Héracleum* de la Grèce ; la Gomme ammoniaque est le suc d'un *Dorema* de la Perse ; le Galbanum de l'Afrique provient d'un *Bubon.* Les racines aromatiques d'un *Anisorhiza* sont un mets délicieux pour les habitants du Cap ; les tubercules de l'*Arracacha* sont, dans la Colombie, une ressource alimentaire à la fois abondante et agréable, et l'on a fait récemment en France des essais de culture dans l'espoir d'y naturaliser cette plante et de la substituer à la Pomme de terre malade ; mais la différence de température paraît s'y opposer.

Les insectes qui se nourrissent des tiges et des racines des Ombellifères ne sont qu'en nombre médiocre ; mais ceux qui, à l'aide d'une trompe, viennent butiner sur leurs fleurs sont innombrables : les Diptères, les Hyménoptères, les Lépidoptères tourbillonnent autour de toutes les ombelles, s'y abattent, s'y succèdent avec la plus grande vivacité.

TRIBU.

RHYNCHOSPERMÉES. Rhynchospermeæ. Tausch.

Péricarpe contracté bilatéralement, rostré ou rétréci au sommet, nu ou hispidulé. Coques de cinq à neuf côtes.

SECTION.

SCANDICINÉES. Scandicineæ. Tausch.

Coques à cinq côtes filiformes ou rarement carénées.

G. CERFEUIL. Chœrophyllum. Linn.

Limbe calicinal inapparent. Cinq pétales tronqués ou échancrés, terminés en languette infléchie. Disque conique. Styles dressés ou recourbés. Péricarpe linéaire. Coques contractées aux bords, canaliculées.

Comme il est bon, autant qu'on le peut, d'appeler les choses
par leur nom, je n'adopte pas le genre *Anthriscus* pour le Cerfeuil
proprement dit qui cesserait d'être ce qu'il a toujours été chez les
anciens et les modernes, en médecine comme en botanique, quoiqu'il ne se trouve pas, l'on ne sait comment, parmi les plantes
décrites par Théophraste, le plus ancien des botanistes. L'Herbe
au gai feuillage (Chœrophyllum) était pour les Grecs, comme elle
l'est pour nous, modérément aromatique, stimulante, très-amie
de l'estomac et douée de plusieurs autres propriétés véritablement
salutaires, indépendamment des vertus imaginaires qui lui ont été
attribuées. N'omettons pas son utilité dans le pot-au-feu, ses qualités potagères, qui rendent plus sapides et plus sains les bouil-
lons, les consommés si l'on veut, dans lesquels intervient son
agréable parfum.

Insectes des Cerfeuils.

COLEOPTÈRE.

Molorchus dimidiatus. Feb. — V. Saule. Il vit sur le C. *odo-
ratum*. Muls.

LÉPIDOPTERES.

Odezia chœrophyllaria. B. — Cette Phalénide vole en plein
soleil comme les Lépidoptères diurnes. La chenille est fort effilée;
elle se métamorphose dans une coque légère, à la surface de la
terre, sur le C. *temullum*.

Tanagra chœrophyllata. Dup.

Hæmilis chœrophynella. Dup.

Adela (Eutyphia) Hubn. Sulzerella. Zell. — V. Saule. Elle
paraît vivre sur le C. *sylvestre*. Zell.

DIPTÈRES

Dolichopus chœrophylli. Meig. Cette espèce et plusieurs de
ses congénères se trouvent sur les fleurs du Cerfeuil

Tetanocera chœrophylli. Meig. — La larve vit sur le Cerfeuil.

TRIBU.

ACANTHOSPERMEES. Acanthospermeæ. Tausch.

Péricarpe cylindrique ou comprimé. Côtes sétifères ou aliformes et découpées en spirale.

SECTION.

CAUCALIDEES. Caucalideæ. Tausch.

Coques à neuf côtes ; primaires sétifères ; les deux latérales situées sur la commissure ; côtes secondaires aliformes.

G. DAUCUS. Daucus. Tourn.

Limbe calicinal marginiforme, à cinq dents. Pétales cordiformes, connivents, inégaux, terminés en languette infléchie. Styles longs. Péricarpe elliptique-lenticulaire.

Il paraît que le Daucus n'était connu des anciens qu'à l'état sauvage ; mais ils le confondaient quelquefois avec le Panais dont ils cultivaient la variété à grosse racine. Ils employaient la graine du Daucus en médecine comme très-stimulante, très-échauffante , et cette qualité a donné lieu à son nom qui dérive du verbe brûler. Quant au nom de Carotte qui était connu de Mathiole. au XVI⁰ siècle , il est derivé, suivant Ménage et à cause de la couleur de sa racine , de *Crocata* qui a changé en *Carocota, Carota.*

La Carotte sauvage, remarquable par la large ombelle blanche, au centre de laquelle se trouve une petite fleur rouge, est devenue, par une merveille de la culture, une de nos meilleures plantes potagères. Sa racine naturellement sèche et âpre, a grossi, s'est ramollie, gonflée de sucs, et est devenue douce , tendre, succulente, parfumée, et en même temps nourrissante, salubre, de facile digestion, et aussi émolliente que sa graine est restée chaude et piquante.

Cultivée comme plante fourragère, la Carotte présente les mêmes avantages pour la nourriture des bestiaux et surtout pour la production et la bonte du lait.

Les insectes de la Carotte sont :

COLEOPTÈRE.

Phytonomus fasciculatus. Herbst. — Ce Curculionite se développe sur le feuillage.

HÉMIPTÈRE.

Aphis dauci. Linn. — V. Cornouiller.

LEPIDOPTÈRES.

Papilio machaon. Linn. — V. Poirier.

Hæmilis daucella. W. W. — V.

Cinea daucella. Fab. — V. Clématite.

DIPTÈRE.

Un grand nombre de Tachinaires frequentent les fleurs des Daucus.

Phora dauci. Meig. — Cette Muscide se trouve sur les fleurs.

TRIBU.

PTÉRIGOSPERMÉES. Pterigospermeæ. Tausch.

Péricarpe cylindrique ou comprimé à quatre, huit ou dix ailes entières ou rarement lobées.

SECTION.

ANGELICÉES. Angeliceæ. Tausch.

Pericarpe cylindrique ou comprime dorsalement. Coques à cinq côtes.

G. LIVÈCHE. Levisticum. Koch.

Limbe calicinal inapparent; cinq pétales égaux, arrondis, indivisés, terminés en languettes obtuses. Disque convexe, à bord crénelé. Styles finalement recourbés, péricarpe elliptique, à dix ailes.

Peu de plantes ont reçu autant de noms des anciens et des modernes ; les premiers l'ont appelé *Ligurticum*, de la Ligurie, sa patrie, Libysticum, *Levisticum, Panacea;* les derniers, Séseli ou Ache

ou Angélique de montagne, Sevmontaine, l evesche et Livêche qui
dérive de *Levisticum* et de *Ligusticum*. Cette plante, des Appen-
nins, des Alpes et des Pyrénées, jouit d'un grand nombre de
vertus médicinales qu'elle doit à sa nature éminemment aromatique; toutes ses parties exhalent une odeur forte et contiennent un
suc d'une saveur chaude, âcre, amère. Ses graines et ses racines
surtout ont des propriétés très-énergiques et sont particulièrement stimulantes.

Insectes des Livêches :

COLÉOPTÈRE.

Apion levistici. Kerby. — V. Tamarisc.

G. ANGÉLIQUE. ANGELICA. Linn.

Limbe calicinal minime, à cinq denticules; cinq pétales égaux,
ovales, acuminés. Disque plane, crénelé aux bords. Styles
courts; péricarpe elliptique, subéreux, à quatre ailes, coques
ailées aux bords, à trois côtes.

Cette belle et précieuse plante, qui ne paraît pas avoir été
connue des anciens, à moins qu'elle n'ait été confondue avec la
Myrrhis, possède, depuis le XVI.e siècle et au-delà, la plus
brillante réputation. Ses propriétés, ses vertus, sont reconnues,
constatées; elle est la plante aromatique, stimulante, tonique par
excellence; elle est un bienfait du Ciel, et c'est à la reconnais-
sance des hommes qu'elle doit les noms d'Angélique, d'Archan-
gélique, d'Herbe du Saint-Esprit. Cependant, telle est l'instabilité
des choses d'ici-bas, qu'après avoir été préconisée contre la
plupart des affections qui assaillent la triste humanité, elle est
tombée dans l'oubli, le dédain des médecins, et, de toutes ses
glorieuses attributions, il ne lui reste guère que de servir de
salade en Laponie et de confiture en France.

Insectes de l'Angélique officinale :

COLÉOPTÈRE.

Scymnus minimus. Cyll. — V. Pin silvestre. Il détruit les
Acarus des Angéliques. Bouché.

HYMÉNOPTÈRE.

Cryptus angelicæ. Jurine. — V. Ronce framboisier.

HÉMIPTÈRE.

Aphis archangelicæ. Linn. — V. Cornouiller,

LÉPIDOPTÈRES.

Papilio machaon. Linn. —. V. Poirier.
Zygæna angelicæ, Zell. — V. Cytise.
Chelonia aulica. Linn. — V. Cerisier.
Hæmilis angelicella. Hubn. — V. Cerfeuil.

DIPTÈRES

Limnophila dispar. Meig. — La larve de cette Tipulaire vit dans les tiges sèches. Perris.

Lonchæa nigra. Meig. — La larve de cette Muscide vit dans les tiges sèches. Perr.

Anthomyia angelicæ. Meig. — Cette Muscide se trouve sur cette plante.

SECTION.

LASERPITHIEES. LASERPITHIEÆ. Tausch.

Péricarpe ordinairement comprimé dorsalement, coques à neuf côtes ; les coques primaires filiformes ; les deux latérales situées sur la commissure.

G. LASERPITHIUM. LASERPITHIUM. Tournef.

Limbe calicinal marginiforme, à cinq dents ; cinq pétales égaux, cordiformes, terminés en languette infléchie Styles finalement divariqués ou recourbés. Péricarpe à huit ailes.

Ces belles plantes que nous trouvons en gravissant les flancs de nos montagnes pierreuses ou aux bords des torrents, présentent, dans les sucs laiteux d'une extrême âcreté dont elles sont imprégnées, des propriétés si énergiques que la médecine vétérinaire s'en est emparée. Cette destinée diffère étrangement de l'antique célébrité du Laserpithium proclamée par Théophraste, Strabon, Pline, Dioscoride. Le Laser des Romains, Sylphion des Grecs.

cette gomme-résine qui en était extraite, et qui n'était autre chose que l'*Assa-fœtida*, provenait de la Cyrénaïque et de la Médie, et il était si recherché pour toutes ses propriétés et si précieux, que Néron le comprenait dans ses trésors. Maintenant encore les Indiens et les Persans en font usage; ils le mangent, ils lui trouvent, malgré son odeur fétide et son extrême âcreté, un goût exquis, et ils l'appellent le mets des dieux, tandis que les Allemands en sont affectés bien différemment et lui donnent le nom de *Stercus diaboli*, tant les goûts sont arbitraires.

Du reste, le Laserpithium des anciens, dont la racine produit cette substance, est le *Ferula assa fœtida*, Linn. C'est par erreur que son nom a été donné aux plantes qui le portent maintenant et qui, à la vérité, présentent des qualités analogues.

Insectes du Laserpithium :

COLÉOPTÈRES.

Hoplia squamosa. Fab. — Ce Lamellicorne se trouve sur les fleurs du L silaus.

Liparus glabratus. Fab. — V. Myrte.

Leptura virens. G. L. B. — V. Hêtre. Sur le L. latifolium. Krachbaum.

— interrogationis. Feb. — V. Ibid.

— 4 maculatus. Feb — V. Ibid.

HYMÉNOPTÈRE.

Tenthredo laserpithii. Lepell. — V. Groseiller.

G. THAPSIA. Thapsia. Tourn.

Ce genre est très-voisin du précédent ; une espèce commune en Calabre attire particulièrement un Coléoptère :

Mordella aculeata. Linn. — V. Aubépine. Br.

TRIBU.

DICLIDOSPERMÉES. Diclidospermeæ. Tausch.

Péricarpe comprimé ou aplati, marginé ou ailé. Commissure plane. Coques ordinaires à cinq côtés.

SECTION.

PEUCEDANEES. Peucedanee. Tausch.

Péricarpe lenticulaire, aile aux bords. Côtes latérales des coques généralement peu apparentes.

G. ANETH. Anethum. Tourn.

Limbe calicinal minime, à cinq denticules. Cinq pétales égaux, entiers, enroules. Disque presque plane. Styles courts.

L'Aneth qui croît spontanément et en culture dans l'Europe méridionale, qui exhale dans toutes ses parties une odeur aromatique très-forte et dont la graine a une saveur pénétrante qui la fait employer dans l'économie domestique, a joui dans l'antiquité d'une destinée célèbre. Il donnait la force, il inspirait le plaisir. Chez les Romains, les gladiateurs le mêlaient à leurs aliments avant leurs combats. Les Grecs s'en parfumaient, ils s'en couronnaient dans les festins comme d'un symbole de joie. Alcée et Sapho, les deux illustres poètes contemporains, de Lesbos, dès le VIe siècle avant notre ère, nous l'apprennent dans leurs poésies pleines d'un charme que le temps ne détruira jamais.

Un seul insecte a été signalé sur l'Aneth :

LÉPIDOPTÈRE.

Papilio machaon. Linn. — V. Poirier.

G. PEUCÉDANUM. Peucedanum. Linn.

Limbe calicinal à cinq denticules, cinq pétales égaux, ovales, divergents, terminés en languette. Disque convexe. Styles courts. Péricarpe aplati.

Le Peucédanum officinal est une des plantes qui témoignent le plus hautement contre l'instabilité des jugements humains. Après avoir acquis chez les anciens une réputation de vertus qui s'étendait à la guérison de la plupart de nos maux et dont nous admirons la longue énumération dans Pline et Dioscoride, après s'être soutenu dignement dans le moyen-âge, il est tombé dans le dédain et jusque dans l'ignoble bassesse des noms vulgaires qui lui ont été donnés : la Queue de Pourceau, le Fenouil de Cochon désignent main tenant le *Peucedanum* dont le nom, dérivé de *Peuke*, (Pin) fait allu· sion aux feuilles en aiguilles et à l'odeur de résine qu'exhale le suc visqueux des racines. Cette odeur est si pénétrante que lorsqu'on les déterrait, il fallait user de précautions pour n'être pas pris de vertiges. Nous trouvons cette plante dans les prairies humides et dans les forêts des environs de Paris.

Insectes du Peucedanum.

COLÉOPTÈRE.

Cestala bicolor. Fab. — V. Tilleul. M. Schmidt a trouvé une multitude de Cestela *bicolor* et *sulphurea* qui ne sont que les deux sexes d'une même espèce, sur les fleurs du P. oreoselinum.

LÉPIDOPTÈRE.

Zygovena peucedani. Esp. — V. Cytise.

G. IMPÉRATOIRE. IMPERATORIA. Linn.

Limbe calicinal oblitéré. Cinq pétales égaux, ovales, diver- gents, terminés en languette. Disque convexe, à bords crénelés. Styles courts. Pericarpe orbiculaire ou elliptique, ailé aux bords.

Bien différente dans sa destinée du Peucedanum avec lequel elle a les plus grands rapports botaniques, l'Impératoire n'a pas été connue des anciens ; car c'est sans fondement qu'elle a été rap- portée au Sylphium et au Smyrnium des Grecs , et elle a conservé la haute réputation dont elle est en possession depuis le moyen- âge , son rang très-distingué parmi les plantes stimulantes. Sa racine en effet excite vivement la plupart des systèmes de l'éco- nomie animale.

L'époque de la Renaissance a trouvé l'Impératoire investie de sa gloire et de son nom qui , suivant Linnée , exprime la vertu de sa racine, *vis radicis*, pour relever les forces abattues. C'est à la même puissance que fait allusion son nom allemand, *Meis- terwurz* , la maîtresse racine. On l'appelait aussi le Benjoin fran- çais, sans doute parce que l'on extrayait du suc laiteux de cette racine une sorte de baume analogue au Benjoin de l'Inde. Enfin on la nommait en latin *Astrentia, Ostrutium*, traduit en français par Otruche, Autruche, qui est encore son nom vulgaire, et qui dérive du premier d'où est venu ensuite celui d'Astrantia que Tournefort a donné à une autre Ombellifère.

L'Impératoire croît sur les pâturages des Alpes, des Pyrénées, du Mont-d'Or, etc.

Un seul insecte a été observé sur l'Impératoire.

LÉPIDOPTÈRE.

Caradrina Selini. And. — La chenille de cette Noctuélite est courte, aplatie; elle se renferme, pour se métamorphoser, dans une coque ovoïde composée de terre et de soie, et enterrée assez profondément.

G. PANAIS. Pastinaca. Linn.

Limbe calicinal inapparent, ou à cinq denticules. Cinq pétales égaux enroulés. Disque crénelé au bord. Styles courts. Péricarpe aplati, solide, largement marginé.

Le Panais, comme la Carotte, a acquis par la culture une racine épaisse, douce, tendre, sucrée, alimentaire, au lieu de sa sécheresse, de sa dureté, de son âcreté natives; c'est une sorte d'éducation dont les heureux fruits récompensent nos soins. Devenu plante potagère déjà chez les anciens, qui de plus attribuaient plusieurs vertus médicinales à sa graine, le Panais s'est répandu, vulgarisé dans toute l'Europe; il est employé non-seulement à l'usage culinaire, mais encore comme plante fourragère. On en fait aussi de la bière en Irlande, du sucre en Thuringe. Sa dissémination et sa popularité sont encore attestées par tous les noms et leurs dérivés qui lui ont été donnés : *Staphilinos* en grec, *Lezar, Gezar* en arabe, *Canaoria* en espagnol, *Pastinaca* en latin, d'où il a passé en se modifiant diversement dans le français, l'italien, l'allemand, l'anglais. Et quant à l'étymologie de ce dernier nom, devenu presque européen, nous la trouvons fort incertaine. Selon Tournefort, Pastinaca dérive de *Pastus*, parce que la racine en est alimentaire, ou de *Pastinare*, parce qu'on se sert

de la *houe* pour la retirer de la terre. Suivant Ménage, les médecins de Lyon ont écrit que Pastinaca avait été dit *a pascendo :
quia sponte in agris nascitur, eamque plebs sœpissime depascitur.*
On peut choisir ou s'abstenir.

Insectes observés sur le Panais :

HÉMIPTERE.

Aphis pastinacæ. Linn. — V. Cornouiller.

LÉPIDOPTÈRES.

Hæmilis heracliella. H. — V. Anthrescus.
—   pastanacella. Zeller. — V. Ibid.
—   badulla. — V. Ibid.

La chenille vit sur le Panais dans le Dessau.

G. HERACLÉE. HERACLÆUM. Linn.

Limbe calicinal à cinq denticules : cinq pétales cunéiformes,
en général inégaux (les extérieurs plus grands, bilobés), terminés
en languette. Disque conique. Péricarpe aplati, solide, largement
marginé. Côtes des coques très-fines, égales.

L'Héraclæum sphondylium, vulgairement la Berce, se fait remarquer dans les prairies humides et sur la lisière des bois, par
l'ampleur de son ombelle aux fleurs irrégulières. Cette plante
n'est guère utilisée qu'en Russie et en Pologne, où l'on en fait,
par la fermentation, de l'eau-de-vie appelée *parst*, et une sorte
de bière.

Ce nom de Parst aurait-il quelque filiation avec celui de Berce,
dont nous ignorons l'origine ? Quant à l'étymologie d'Heraclæum
et de Sphondylium, le premier de ces noms, selon Dioscoride, a
été donné à cette plante en l'honneur du père d'Hippocrate, qui
le portait en qualité de descendant d'Hercule. Celui de Sphondylium provient de l'odeur qu'elle exhale, semblable à celle du
ver auquel les Grecs donnaient ce nom.

La Berce, ainsi que l'Acanthe, porte aussi le nom de Branc
Ursine, griffe d'ours, par lequel les Italiens ont exprimé la forme
des feuilles.

Aucune fleur, à ma connaissance, n'attire autant d'insectes

que la large ombelle des Berces. Tous ceux qui, à l'aide d'une trompe, s'abreuvent du suc des nectaires, paraissent la rechercher aux rayons du soleil ; ils y courent de fleuron en fleuron, avec une activité extrême, et la diversité de leurs races y reproduit en petit l'aspect des grandes villes maritimes où abordent toutes les nations. Les Diptères surtout y dominent, et, parmi eux, les Tachinaires, assez rares ailleurs, s'y montrent nombreux. C'est la plante favorite de cette famille immense, si remarquable par l'extrême diversité de ses modifications organiques et par le singulier instinct des larves qui, comme celles des Ichneumons, vivent en parasites dans les chenilles.

Les insectes qui se développent dans les diverses parties de la Berce sont :

COLÉOPTÈRES.

Cryptocephalus sericius. Linn. Suff. — V. Cornouiller.

Scymnus minimus. Gyll.—V. Pin Silvestre. Il détruit les Acarus (*Tetranychum* tetarius) des Heraclæum.

LÉPIDOPTÈRES.

Hæmilis pastinacella. Zell. — V. Cerfeuil. La chenille vit sur l'H. Sph., dont elle ronge les graines vertes qu'elle réunit en paquet au moyen d'un réseau de soie dans lequel elle se retire dès qu'elle a mangé. M. Bruand.

Hæmilis heracliella. H. — V. Ibid.

—   depressella. Fab. — V. Ibid.

—   albipunctella. H. — V. Ibid.

—   Saucella. W. W. — V. Ibid.

DIPTÈRES.

Scatopsie notata. Linn. — V. Buis.

—   nigra. Meig. — V. Ibid.

Callomyia elegans. Fab. — Cette Platypézine vit sur les fleurs.

Tephritis heraclei. Loew. — Cette espèce est identique avec le T. Centaureæ.

Ulidia demandata. Fab. — Cette Muscide vit sur les fleurs.

Agromyza heraclei. Bon. — V. Céréales. La larve mine les feuilles de l'H. Sph., en creusant des galeries sinueuses. Bouché.

Phytomyza nigra. Meig. — V. Houx. La larve mine également les feuilles dans lesquelles elle trace une galerie simple, filiforme, flexueuse.

TRIBU.

DISASPIDASPERMÉES. Disaspidaspermæ. Tausch.

Péricarpe lenticulaire, comprimé bilatéralement. Coques de cinq à neuf côtés filiformes.

SECTION.

HYDROCOTYLÉES. Hydrocotyleæ. Tausch.

Péricarpe échancré, soit au sommet, soit à la base, ou aux deux bouts. Coques à cinq côtes. Ombelles simples ou paniculées.

G. HYDROCOTYLE. Hydrocotyle. Linn.

Limbe calicinal oblitéré. Cinq pétales ovales, pointus. Disque plane. Styles filiformes. Péricarpe didyme. Coques aplaties, carénees au dos.

L'Hydrocotyle ou Gobelet d'eau doit ce nom à ses feuilles arrondies et concaves. Elles sont de plus remarquables par le petiole inséré au milieu du disque, comme dans la Capucine. Ses fleurs présentent aussi quelque chose d'anormal dans leur agrégation, qui n'est pas régulière et symétrique comme dans les autres Ombellifères, quoiqu'elle en offre d'ailleurs les principaux caractères; aussi a-t-elle été méconnue par Bauhin, qui en a fait une Renoncule. Cependant, elle offre les principaux caractères de sa classe et particulièrement plusieurs qualités utiles : elle est détersive, vulnéraire, apéritive. Elle est accusée, il est vrai, d'être dangereuse pour les moutons; mais on ne peut douter qu'ils n'aient l'instinct de l'éviter.

Cette petite plante croît au bord des eaux, dans les marecages, les tourbières ; sa tige rampante est coupée de distance en distance par des nœuds où naissent des racines, une feuille et une hampe portant en tête six à huit fleurettes blanches.

Insecte observé sur l'Hydrocotyle :

HÉMIPTERE.

Aphis nympheæ. Fab. — V. Cornouiller. Il se trouve aussi sur l'Hydrocotyle vulgaire.

TRIBU.

PLEUROSPERMEES. Pleurospermeæ. Tausch.

Péricarpe cylindrique ou comprimé bilatéralement. Coques à cinq côtes ordinairement filiformes ou carénées.

SECTION.

AMMINEES. Ammineæ. Tausch.

Péricarpe didyme. Coques subcylindriques. Commissure contractée.

G. BUPLEVRE. Buplevrum. Linn.

Limbe calicinal oblitéré. Cinq pétales égaux, enroulés, terminés en pointe tronquée. Disque plane. Styles courts. Péricarpe didyme, comprimé bilatéralement, solide.

Parmi les nombreuses espèces de ce genre, qui appartiennent a . l'Europe méridionale, les anciens n'en connaissaient qu'une qu'ils avaient nommée Buplevron, *Côte-de-Bœuf*, à cause de la raideur des feuilles. Hippocrate la mentionne comme plante potagère; Glaucon, Nicander et Pline lui attribuent plusieurs propriétés médicinales, telles que de guérir de la morsure des serpents.

Cette espèce paraît être le B. perce-feuille qui croît dans les champs et les terrains secs et sablonneux. Elle doit son nom à la manière dont les feuilles embrassent les tiges et semblent les percer. On l'appelle vulgairement l'Oreille de lièvre, à cause de la forme de ces mêmes feuilles.

Insectes du Buplèvre :

LEPIDOPTERE.

Chlorochroma buplevraria. Linn.

La chenille de cette Phalénide est lisse, effilée ; elle se métamorphose dans un léger réseau entre les feuilles.

G. CIGUE. Conium. Linn.

Limbe calicinal oblitéré; cinq pétales presqu'égaux, cordiformes, terminés en languette. Disque convexe, crénelé au bord. Styles recourbés. Péricarpe ovoïde, comprimé bilatéralement, coques arquées.

La Ciguë se rattache au souvenir d'un si grand homme, elle a été l'instrument d'une mort si belle, qu'elle inspire un sinistre intérêt et une sorte de terreur à la pensée de sa funeste puissance. Son aspect, d'accord avec ces impressions, accroît encore la réputation dont elle est le fatal objet. La sombre verdure de son feuillage, les taches livides de sa tige, semblables à celles des serpents, l'odeur fétide et nauséabonde qu'elle exhale; les ruines, les décombres, les cimetières qu'elle habite, tout nous porte à la fuir, tout nous prémunit contre ses mortels poisons. La Providence nous éloigne d'elle autant qu'elle nous invite à cueillir un fruit arrondi, velouté, parfumé et savoureux.

Cependant, les qualités délétères de la Ciguë ne sont dangereuses que pour l'homme. Les bestiaux la broutent impunément ou l'évitent par instinct. Les oiseaux en dévorent la graine; les insectes n'en recherchent pas moins les fleurs que celles de l'Angélique.

Au surplus, la science humaine a su tirer de la meurtrière Ciguë de salutaires moyens de guérison. Tandis que les sucs remplissaient la coupe présentée à Socrate, les feuilles et les racines offraient aux Grecs mêmes un remède contre les douleurs de toutes les parties extérieures du corps, et chez les modernes, le baron de Storck y trouvait une merveilleuse panacée dont la vertu, il est vrai, n'a pas été sanctionnée par l'expérience.

La Ciguë, cause de mort et de salut, a été le supplice à jamais infamant pour les Athéniens qui l'ont infligé au plus vertueux de leurs concitoyens, mais elle a terminé glorieusement cette vie par laquelle il a plu à la sagesse divine de montrer à quelle hauteur pouvait s'élever l'humanité avec le secours seul de la raison, exemple qui a été signalé même par plusieurs pères de l'Eglise, mais qui, par son contraste même avec les mœurs du paganisme en général, montre combien étaient nécessaires au monde les lumières et les autres bienfaits du Christianisme.

Insectes observés sur la Ciguë :

COLEOPTERES.

Lixus turbatus. Feh. — V. Spartier. La larve vit dans l'intérieur des tiges de la Ciguë.

Lixus gemellatus. Fab. — V. Ibid. Il vit sur le C. *virens*. Deckhof.

G. ACHE. APIUM. Linn.

Limbe calicinal oblitéré; cinq pétales égaux, arrondis, indivisés. Disque conique ou presque plane. Styles courts. Péricarpe ovoïde.

Ce genre comprend le Céleri et le Persil, deux plantes très-connues des anciens comme des modernes, comme potagères et médicinales, mais dont la vulgarité a été rehaussée chez l'une d'elles par une brillante destinée.

Le Céleri, Ache des marais, *Apium graveolens*, n'était pas connu des anciens comme plante potagère, mais il était employe en médecine. Ce sont les Italiens du moyen-âge qui, par une culture perfectionnée, ont converti son âcreté et sa sécheresse en une saveur agréable et succulente. Le nom de Celeri lui vient aussi d'eux, mais il paraît dériver de *Selinon*, l'un de ses noms grecs. (1)

« Le Céleri, dit le docteur Roques, tendre, frais, mangé en
» salade et assaisonné avec du vinaigre aromatique, avec de
» l'huile de Provence et un peu de vinaigre fin, est vraiment
» délicieux; il réveille l'action de l'estomac, donne de l'appétit
» et une sorte d'alacrité qui se prolonge pendant quelques
» heures. »

Mais si le Céleri a une saveur agréablement aromatique, que dirons-nous du Persil, *Petroselinum*, l'Apium cultivé des anciens, alors comme aujourd'hui l'indispensable condiment de la plupart des mets? Son arôme pénétrant stimulait le cerveau, exaltait l'imagination, excitait la verve poétique. Aussi, cette plante inspiratrice eut-elle l'honneur de servir de couronne pour

---

(1) *Selinon, Selinum, Selinarium, Celerium,* Celeri Ménage.

les vainqueurs des jeux isthmiques et néméens. Elle couronnait egalement les convives des banquets, et Horace l'unissait au Myrte dédie au plaisir :

> Oblivium lævia Massia
> Ciboria exple : funde capicibus
> Unguenta de conchis, quis udo
> Deproperare Apio coronas
> Curatve Myrto ? (1)   (Horace, ode 7, livre II).

L'etymologie des noms latin et français de cette plante n'est pas sans intérêt. Apium, suivant Saint-Isidore de Séville, dérive d'Apex, parce qu'on en couronnait les vainqueurs, et Ache provient d'Apex par le changement assez fréquent de *p* en *ch*, comme dans *prope* proche, *spina* échine, *apua* anchoix.

Insectes des Apium :

DIPTÈRE.

Tephritis heraclei. Meig. —V. Berberis. M. Westwoud a trouvé la larve dans les feuilles du Céleri.

G. AEGOPODIUM. Aegopodium. Linn.

Limbe calicinal oblitéré ; cinq pétales égaux, terminés en languette. Disque convexe, déprimé. Styles courts. Péricarpe solide, oblong ; valléculcs sans bandelettes.

Le genre Ægopodium, Pied de chèvre, présente des caractères qui le rapprochent tellement de plusieurs autres, que la seule espèce qui le compose a été promenée successivement parmi les *Carum*, les *Sison*, les *Podagraria*, les *Tragoselinum*, les *Pimpinella*, les *Ligusticum*, les *Seseli*, en attendant les autres pérégrinations auxquelles l'exposent encore ses affinités et les évolutions de la science.

Cette espèce porte le nom vulgaire de Podagraire, fonde sur la propriété qui lui a été longtemps attribuée de guérir de la goutte ; mais c'était une des nombreuses illusions auxquelles les plantes ont donné naissance ; elle a été supplantée par bien d'autres

---

(1) Remplissons les coupes de ce vin de Massique qui fait oublier les maux tirons des parfums de ces larges conques ; qu'on se hâte de nous faire des couronnes d'Ache et de Myrte.

remèdes qui sont tombés à leur tour, à l'exception de la flanelle et de la patience. Le seul mérite qui soit resté à cette plante est de servir de salade dans quelques contrées septentrionales.

Insectes de l'Ægopodium :

COLÉOPTERE.

Ademera podagrariæ. Dej. — V. Chêne. Il vit sur les fleurs en ombelle et particulièrement sur l'Ægopodium podagrariæ. Sch.

HÉMIPTERE.

Aphis ægopodii. Scop. -- V. Cornouiller.

DIPTÈRES.

Dolichopus. — Les petites espèces de Dolichopodes volent par essaims sur l'Ægopodium podagrariæ. Meig.

Agromyza pinguis. Bremi. — V. La larve mine les feuilles de l'Ægopodium podagrariæ.

G. PIMPINELLE. Pimpinella. Linn.

Limbe calicinal oblitéré ; cinq pétales egaux , termines en languette. Disque convexe. Styles longs , divergents. Péricarpe solide , ovoïde.

Ces plantes, qu'il ne faut pas confondre avec la Pimprenelle , mais dont le nom dérive également de *bipinella , bipinnata ,* de la forme des feuilles, comprennent deux espèces principales, bien voisines en botanique, bien éloignées sous le rapport économique, et qui , dans la longue suite des Ombellifères , dans les modifications si nombreuses de qualités analogues, se trouvent sous quelques rapports aux deux extrémités de la série : le Boucage et l'Anis. Le premier a l'odeur repoussante du bouc, qui lui a donné son nom, a la saveur âcre, amère , virulente ; le second universellement en faveur pour son parfum suave , sa saveur chaude , doucement pénétrante , toutes ses vertus salutaires. Toute l'antiquité a signalé ses precieuses qualités. Depuis Hérodote , Pythagore et Hippocrate jusqu'à Galien et Plutarque , tous chantent ses louanges : Pline avec sa verbeuse abondance, Dioscoride avec une concision et une verité telles qu'il n'y a pas un mot à y changer, à y ajouter. Pour les modernes, l'Anis est également en possession inébranlable des propriétés médicinales et économiques les plus étendues ; il entre dans une multitude de préparations pharmaceutiques , il aromatise le pain des Allemands, il s'enveloppe de sucre dans les dragées de Verdun , il nous délecte dans l'anisette de Hollande et de Bordeaux.

Si nous recherchons l'étymologie du nom de l'Anis , nous ne˙ trouvons que de l'invraisemblance dans les opinions qui ont été émises. Suivant Pline , les hommes qui ne font pas d'exercice ont recours à l'Anis, que, pour cette raison , ils appellent *Anicetum*. Vossius dit que l'Anis a reçu ce nom parce qu'il diminue , dissipe (Anihsi) les flatuosités ; d'autres dérivent ce nom des feuilles inégales de l'Anis. (Anisa Phylla.) Il paraît que les Grecs ont adopté ce nom de la langue arabe. (1)

Insectes de la Pimpinelle :

COLÉOPTÈRE.

Anthrenus pimpinellæ. Feb. — Ce Clavicorne vit sur les fleurs.

HÉMIPTÈRE.

Pentatoma ornata. Linn. — V. Génevrier. Sur la P. Saxifrage en Lithuanie. Gorski.

LÉPIDOPTÈRES.

Papilio machaon. Linn. — V. Poirier.

Zygæna minos. W. W. — V. Cytise. — La chenille vit sur la P. Saxif. Zeller.

Eupithecia pimpinellaria. Feb. — V. Tamarisc.

Anacampsis pimpinellella. Dup. — V. Peuplier.

DIPTÈRE.

Cecidomyia pimpinellæ. Perris. — V. Groseiller. Elle pique les ovaires de la P. *magna* , qui grossissent souvent comme des petits pois, et , dans leur intérieur devenu creux , on trouve les larves , et . plus souvent encore , celles d'un Eulophe , son parasite.

---

(1) Le Scholiaste de Théocrite sur l'idylle 768 Aniton to palatron. Aniton to glucanison. (Ménage).

G. BERLE. Sium. Linn.

Calice à cinq dents. Cinq pétales égaux. Styles finalement recourbés. Péricarpe oblong.

Ce genre comprend quelques espèces aquatiques et d'autres
terrestres, parmi lesquelles nous comptons le Chervi, originaire de
la Chine ou du Japon, plante potagère, dont la racine mucila-
gineuse et sucrée, présente un aliment délicat, léger et adoucissant. Les anciens ne connaissaient qu'une espèce aquatique,
Laver, en latin, que Pline confondait avec le Cresson, et à laquelle
il attribuait un grand nombre de vertus.

Le nom de Berle était déjà connu de Matthiole au XVII.ᵉ siècle,
et Ménage lui donne une étymologie qui paraît fort contestable.
Il le fait venir de *Laver*, en passant par *Laveris, Laverinus,*
Vernus, Vernulus, Vernula, Bernula et *Berla.*

Le nom de Chervi n'a pas fait moins de chemin suivant les médecins de Lyon, dont nous avons déjà cité le travail étymolo-
gique. Græce *Sisaron*, latine etiam *Sirsarum* et *Siser* dicitur,
nonnulli *Servilla* vel *Chervilla*, Gallis *Chervy*, Germanis *Gerlin*
et *Gierlin.*

Insectes des Berles :

COLÉOPTÈRES.

Phytonomus arundinis. Fab. — V. Roseau. La larve vit en
famille sur le *Sium latifolium*, dont elle detruit les fleurs en les
enveloppant de fils. Boie.

Lixus paraplecticus. Fab. — V. Spartier. La larve se nourrit
du *S. latif.* Dickhoff.

Helodes phellandrii. Fab. —V Saule. La larve se trouve un
peu au-dessus de la racine dans la tige du *S. latif.* Boie, Suff.

LEPIDOTERES.

Orthosia cæcimacula. Fab. — V. Houx. La chenille vit sur le
S. falcaria.

SECTION.

SÉSÉLINÉES. Seselineæ. Tausch.

Pericarpe subcylindrique. Coques sub-semi-cylindriques. Commissure non contractée.

G. FENOUIL. Fœniculum. Adans.

Limbe calicinal oblitéré. Cinq pétales égaux, enroulés, termi-nés en languette. Disque convexe, crénelé au bord. Styles très--courts. Péricarpe oblong, solide.

Le Fenouil, l'une des plantes aromatiques les plus remar-quables, est employé pour ses vertus médicinales et pour ses qualités culinaires. Sous le premier rapport, dès une haute anti-quité, ses graines, ses racines, ses feuilles étaient reconnues comme digestives, excitantes, apéritives, sudorifiques, et elles étaient en usage dans-le traitement d'un grand nombre d'affections. Sous le rapport culinaire, la racine et la tige blanchie comme le Céleri, le Cardon, sont un mets très-goûté en Italie. Les jeunes pousses se mangent en salade dans le Languedoc. Dans le nord de la France, le seul usage qu'on en fasse est d'envelopper de ses feuilles les maquereaux, avant de les mettre sur le gril, pour en rendre la chair plus ferme, et, de cette habitude, est venue l'expression vulgaire d'*enfenouillée* en parlant d'une personne qui se charge tellement de menus soins qu'elle en est absorbée.

Fenouil dérive de *Fœniculum* diminutif de *Fœnum*, foin, qui est la traduction du grec *Maratron*.

Insecte observé sur le Fenouil.

LÉPIDOPTÈRE.

Papilio Machaon. Linn. — V. Poirier.

G. XATARDIE. Xatardia. Mein.

Ce genre, très-voisin du précédent, nourrit un Coléoptère longi-corne : Vesperus xatardiæ. Dej.

G. OENANTHE. OEnanthe. Linn.

Calice à cinq dents très-apparentes. Cinq pétales terminés en languette ; ceux des fleurs marginales inégaux, plus grands ; ceux des autres fleurs égaux. Disque plane ou convexe. Styles dressés. Péricarpe solide, couronné.

Ce genre comprend plusieurs espèces indigènes qui présentent un mélange de bonnes et de mauvaises qualités qu'il faut savoir discerner sous peine de s'empoisonner. L'OEnanthe fistuleux, à la tige creuse, de nos prairies marécageuses, offre des propriétés vénéneuses qui sont utilisées, dit-on, contre les taupes, ce fléau de l'agriculture : des noix bouillies dans la décoction de cette plante et introduites dans une taupinière, les font mourir.

L'OEnanthe Pimprenelle a pour racines des tubercules comestibles, de saveur sucrée, recueillis par les habitants de l'ouest qui les appellent Jouanettes, Abernotes, etc., et malheureusement on confond quelquefois avec ces tubercules ceux de l'OEnanthe à suc jaune, qui sont un poison très-violent, et il en résulte des accidents funestes.

L'OEnanthe Phellandre, plus connue sous les noms vulgaires de Fenouil d'eau, de Ciguë aquatique, croît dans les eaux stagnantes. Les graines en sont antiscorbutiques, fébrifuges, pulmonaires, mais la plante même est vénéneuse surtout pour les bestiaux.

Insectes des OEnanthes.

COLEOPTERES.

Lixus paraplecticus. Fab. — V. Spartier. Degeer a observé la larve sur l'OEnanthe phellandre. Lorsque la femelle veut pondre, elle se pose sur la tige de la plante et la perfore avec son bec jusqu'à la moëlle. Elle introduit ensuite son oviducte dans le trou et y dépose un œuf. Linnée attribue à cet insecte la maladie dont les chevaux sont attaqués après avoir mangé de cette plante.

Donacia crassipes. Linn. — V. Potamogeton. Linnée a découvert la nymphe dans une coque fixée aux racines de l'OEnanthe phellandre.

Lema cyanella. Fab. — V. Lis. Il vit sur l'OEnanthe phellandre.

Helodes phellandrii. Fab — V. Saule. Suff.

DIPTERE.

Lonchœa pusilla. Meig. — Ce Diptère se trouve sur l'OEnanthe phellandre.

G. ÆTHUSE. Æthusa. Linn.

Limbe calicinal oblitéré. Cinq pétales inégaux, terminés en

languette. Disque convexe. Styles courts. Péricarpe ovalo-glo-
buleux

Les anciens donnaient à plusieurs Ombellifères vénéneuses le
nom d'Æthusa (brûlante) que les modernes ont appliqué particulièrement au genre qui comprend l'Ethusa cynapium, appelée
vulgairement Petite Ciguë à cause de ses rapports avec la grande.
Ses propriétés délétères, quoique moins violentes, sont plus
dangereuses par sa ressemblance avec le Persil près duquel elle
croît quelquefois spontanément dans nos jardins où elle occasionne
de funestes méprises. Ses effets sont de troubler l'esprit, d'exciter
des vertiges, des convulsions, des délires, des accès de frénésie.
Il est donc tres-utile de connaître les différences qui la distinguent
d'avec cette plante potagère. Les feuilles de l'Æthuse sont plus
luisantes, plus découpées, d'un vert plus foncé; les tiges sont
glauques et non cannelées; les fleurs sont blanches; les ombelles
ont de longues collerettes inclinées, enfin l'odeur de la plante est
nauséabonde

Au surplus, si la Petite Ciguë empoisonne comme la grande,
elle présente comme elle des qualités utiles : elle est apéritive,
cordiale, sudorifique; la médecine vétérinaire l'emploie avec
succès.

Insectes de l'Æthusa cynapium :

DIPTERE.

Dolichopus chærophylli. Meig. —V. Chærophyllum. Il se trouve
souvent sur les fleurs.

TRIBU.

APLEUROSPERMEES. Apleurospermeæ. Tausch.

Péricarpe prismatique ou subcylindrique, écarté, le plus souvent
squamelleux ou spinelleux. Fleurs en capitules ou en ombelles
irrégulières.

G. PANICAUT. Eryngium. Tourn.

Limbe calicinal à cinq folioles glumacées, persistantes ; cinq

pétales égaux, connivents, bilobés au sommet. Disque concave ,
crénelé aux bords. Péricarpe couronné.

Les Panicauts sont des plantes singulièrement déguisées et
trompeuses : aux yeux du public, ce sont des Chardons ; ils en ont
l'aspect, les épines , les fleurs disposées en forme sphérique , et
c'est ainsi que l'espèce la plus commune a reçu le nom vulgaire de
Chardon Roland (1) ou Chardon à cent têtes. Pour les botanistes ,
ce sont des Ombellifères ; les fleurs en présentent tous les caractères essentiels ; et de plus , les graines en sont aromatiques
comme celles de toute cette classe et douées des mêmes propriétés
médicinales.

Plusieurs espèces méritent la culture dans les jardins comme
plantes d'agrément ; le Panicaut améthiste surtout est remarquable par le bleu charmant des fleurs , des collerettes , des tiges,
et même des feuilles supérieures.

Le nom d'Eryngium que les Grecs donnaient à ces plantes,
signifie *poil de bouc ;* quant à celui de Panicaut, l'étymologie en
a été recherchée , mais elle est encore incertaine. Suivant Callard
de la Ducquerie, et Mathias Martinius , Panicault dérive de
Panicaulis , du grand nombre de tumeurs (têtes) que donnent les
tiges. Ménage , considérant que cette plante est fort commune
dans le Languedoc , voisin de l'Espagne , soupçonne que Panicault vient de *Spanicus cardus, Span icaldus*.

Insectes des *Eryngium.*

COLÉOPTÈRES.

Anthaxia hypomelæna. Ill-— V. Cerisier. Sur l'Eryngium campestris. Jacquelin Duval.

Ripiphorus bimaculatus. Fab. — Cette Trachelide vit sur
l'Eryngium maritimum. Jacquelin Duval.

Mordella angustata. Dej. — V. Néllier. Sur l'Eryngium mari
timum. Jacquelin Duval.

---

(1) Ou roulant. Ce nom lui vient de ce que les vents d'automne brisent sa tête
desséchée , la roulent au loin et l'entassent contre les haies ou dans les ravins. C'est
là que les pauvres vont la ramasser pour la brûler. Thieb. de B.

Zonitis prœusta. Fab. – Ce Vésicant vit sur l'Eryngium campestris. J. Duval.

Stenostoma rostrata. Fab. — Ce Sténelytre vit sur l'Eryngium maritimum.

Clytus ornatus. Fab. — V. Erable Sycomore, sur l'Eryngium campestris.

Dibolia eryngii. Chev. — Cette Chrysoméline vit sur les Eryngium.

HÉMIPTÈRE.

Aphis Isatis. Fons-Col.—V. Cornouiller. Sur l'Eryngium camp.

LÉPIDOPTÈRES.

Thanaos Tages. Linn.—Cette Hespéride a les antennes a massue fusiforme. La chenille est lisse et roulée au milieu ; la chysalide a un tubercule sur la tête.

Zygœna balearica. B. D. — V. Cytise. La chenille vit sur les Eryngium qui croissent sur les dunes de la Bretagne.

——— contaminei. —V. Ibid. Sur l'Eryngium bourgatii.

——— sarpedon. B. — V. Ibid. Il vole sur l'Eryngium des dunes.

——— punctum. O. — Ibid. Il vole particulierement sur l'Eryngium bourgatii. Pierr.

Agrotis Iritici. Linn. — V. Bruyère. Sur les fleurs de l'Eryngium mar. Colin.

——— valligera. Fab. — V. Ibid. Ibid.

——— cursoria. Borkh. — V. Ibid. Ibid.

DIPTÈRES.

Ocyptera brassicaria. Fab. — Cette Ocyptere vit sur les fleurs de l'Eryngium vulgare. Meig

Sarcophaga ruralis. Meig. — Cette Muscide se trouve sur les Eryngium.

CLASSE.

POLYCARPIQUES. Polycarpiceæ. Barth. — Voyez les arbres.

3

FAMILLE.

RENONCULACEES. Ranunculaceæ. —Juss. Voyez les arbres

TRIBU.

RENUNCULEES. Renunculæ. Sparh.

Sépales imbriqués avant la floraison. Pétales en même nombre que les sépales. Lame souvent creusée à sa base d'une fovéole nectarifère. Ovaires en général agrégés et en nombre indéfini.

SECTION.

RENONCULINEES. Renunculineæ. Sparh.

Sépales généralement au nombre de cinq. Onglet en general très-court. Antbères lateralement déhiscentes. Ovaires a ovule renverse.

G. FICAIRE. Ficaria. Dillen.

Sépales de trois à cinq, un peu prolonges au-dela de leur base Petales de huit à douze, à fovéole appendiculée Etamines nombreuses, courtes.

La Ficaire fausse Renoncule, la seule du genre, est cette humble plante qui, sous les noms vulgaire d'Eclairette, de Petite Chélidoine, de Petite Scrophulaire, fleurit dès le mois d'avril, dans les pres humides, les buissons, les bois; qui, exempte de l'âcrete delétère trop commune dans cette famille, présente dans ses feuilles une saveur légèrement piquante qui la fait manger avec plaisir en salade dans une grande partie de l'Europe septentrionale. Au temps où l'on croyait plus qu'aujourd'hui aux vertus des plantes, on lui attribuait celle de guérir du fic, espèce de tumeur qui ressemble à une figue, et c'est ainsi qu'elle s'appelle Ficaire.

Insecte observé sur la Ficaire.

COLÉOPTERE.

Darytomus dorsalis. Fab — Sur la F. fausse Renoncule.

G. RENONCULE. Ranunculus. Linn.

Cinq sépales persistantes; petales brièvement onguicules; onglets fovéolés. Etamines nombreuses; filets filiformes; ovaires lenticulaires.

Ce genre comprend, seulement en Europe, près de 50 espèces qui se repartissent à tous les sols, a tous les sites, à toutes les temperatures : la Renoncule alpestre et plusieurs autres habitent les hauteurs des Alpes et des Pyrénées , soit dans les interstices des rochers, ou dans les pâturages, ou dans le voisinage des neiges ; la R. bulbeuse croît dans les plaines, les champs incultes, les prairies sèches ; la R. rampante, qui est notre simple Bassinet, se plaît dans les vergers , dans les lieux cultivés, dans les bois : la R. âcre, nommée vulgairement Grenouillette, qui est la traduction de Ranunculus , préfère les pres humides ; la R. flammule, les marais ; la R. aquatique, Linn. , *Batrachium aquatile*, *De Cand.*, habite les étangs, les ruisseaux. Suivant M. Thiébaut de Berneaud , une varieté remarquable de cette espèce vit dans le lac d'Escoubous , situe sur le sommet des Hautes-Pyrénées ; elle y forme des gazons très-etendus , amarrés au fond de l'eau par les radicules qui poussent jusqu'à l'extrémite de ses tiges. Là , contrairement aux lois qui déterminent les plantes aquatiques à chercher l'air libre pour y fleurir et accomplir le mystère de la reproduction, elle demeure constamment immergée, étalant ses feuilles finement découpées, ainsi que ses corolles blanches, a fond doré ; elle y est fécondée et s'y reproduit sans jamais gagner la surface. On explique cette singulière modification dans les habitudes de cette espèce, par la presence d'une bulle d'air , née durant le travail de la végétation, retenue entre les pétales avant l'épanouissement, et dans laquelle les anthères lancent le pollèn.

Les propriétés des Renoncules varient comme leurs stations ; leur âcreté naturelle passe par tous les degrés; nulle, dans la Renoncule printannière , elle est a peine sensible dans la R. rampante dont on mange les jeunes feuilles comme herbe potagère, dans plusieurs contrees de l'Europe. Cette âcrete augmente dans la R. laineuse, et prend de plus en plus d'intensité dans les R. flammule, âcre, et Thora dont les anciens chasseurs helvétiens se servaient pour empoisonner leurs flèches. Enfin la R. scelérate, Linn., Heratonia palustris. Lour. , est caustique au point de servir de vésicatoire dans la médecine populaire, et l'un des symptômes de l'empoisonnement cause par cette plante, consiste en une sorte de rire sardonique.

En compensation de ces qualités malfaisantes, plusieurs Renoncules plaisent par leurs fleurs et brillent dans nos jardins. Nous devons à la culture nos *Boutons d'or* qui sont des variétés à fleurs doubles des R. rampante, âcre et bulbeuse, de même que nos *Boutons d'argent* qui sont la R. à feuille d'Aconit, en même temps que la Matricaire parthenium. Mais aucune n'approche de la R. asiatique dont les fleurs présentent un éclat et une diversité admirables de couleurs. L'un des trophées des Croisades, ensuite, au XVII.e siècle, rapportées de Constantinople et enlevées peutêtre des jardins du sultan Mahomet IV, qui attachait une grande importance à leur possession exclusive, ces charmantes Renoncules sont devenues comme les Anémones, les Tulipes, les Œillets, les Oreilles d'Ours, les fleurs favorites d'amateurs passionnés, avant l'importation de la multitude de plantes exotiques qui, en agrandissant indéfiniment le domaine de l'horticulture actuelle, a accru le goût et restreint la passion des fleurs.

Insectes observés sur les Renoncules.

COLÉOPTÈRES.

Anthidium minutum. Fab. (Anthobium ranunculi Grav.) — Ce Brachélytre vit sur les fleurs.

Omalium ranunculi. Grav. — Même observation.

Leiosomus cribrum. Perris. La larve vit dans les racines du R. *repens*. On la trouve en juin au collet ou plus bas; puis elle s'enfonce dans la terre, d'où l'insecte parfait sort en mai de l'année suivante.

Meloe proscarabœus. Linn — Ce Vésicant fréquente les fleurs.

Chrysomela pyritosa. Oliv. — V. Saule. Sur les fleurs de Renoncules. Suff.

——— —— armoriacæ. Linn. — V. Ibid. Sur la R. Flammula et aquatilis. Suff.

Helodes marginella. Linn. — Sur les R. aquatiques.

HYMENOPTERE.

Aphis ranunculi. Linn. — Sur le R. acris.

HEMIPTÈRES.

Cydnus scarabœoides. Linn. — Cette Cimicide vit sur les fleurs.
Thrips urticæ. Fab. — V. Vigne.
Melanothrips obesa. Fab. — V. ibid.

LÉPIDOPTÈRES.

Micropteryx calthella. Linn. — V. Cornouiller. Cette Tinéide se
pose en société sur les fleurs des R *repens* et *acris*. Zeller.

Coleophora alcyonipennella. Koll. — V. Tilleul. Il vole surtout
autour des fleurs de la R. acris. Zeller.

DIPTÈRES.

Cecidomyia ranunculi. Brem. — V. Groseiller. Dans les feuilles
deformées du R. bulbosus.

Phytomiza flava. Meig.—V. Houx. La larve mine les feuilles de
la R. *acris*. Elle y trace des galeries filiformes tres-tortueuses, qui
se rencontrent quelquefois pour former des espèces de chambres.

SECTION.

ADONIDEES. Adonideæ. Spach
Sepales de cinq à huit. Pétales de cinq a vingt. Onglet court.
Anthères latéralement déhiscentes. Ovaires a ovule suspendu au-
dessous du sommet de l'angle interne.

G. ADONIS. Adonis. Linn.
Sépales cinq, subpétaloïdes, non persistants. Pétales de cinq a
neuf. Etamines à filets subulés. Ovaires nombreux, ascendants.

L'Adonis des poètes, que nous cultivons dans nos jardins, croît
spontanement dans toute la région méditerranéenne. La goutte de
sang à laquelle ressemble sa corolle fermee est son titre à la célé-
brite ; il lui doit son nom et sa gloire. Il est le bel Adonis meta-
morphose par Vénus désesperée de sa mort ; il est l'objet des fêtes
que celébrait l'antiquité païenne pour pleurer sa mort et se réjouir
de sa resurrection. C'est ainsi que l'imagination gracieuse des

Grecs repandait un charme poétique sur toute la nature, que ces ingenieuses fictions donnaient du prix aux objets les plus vulgaires.

Insectes observés sur l'Adonis :

Chrysomela dorsalis. Fab. — V. Saule. Sur l'A. vulgaire. Suff.
Entomoscelis Adonidis. Fab. — Cette Chrysomeline vit également sur le même Adonis.

ANÉMONINÉES. Anemonineæ. Spach.
Sépales de trois à vingt. Pétales nuls. Anthères lateralement dehiscentes. Ovaires à ovule ordinairement suspendu un peu au-dessous du sommet de l'angle interne.

G. PIGAMON. Thalictrum. Linn.
Sépales quatre ou cinq, cymbiformes. Etamines dix à trente, dressées ou pendantes, à filets longs. Anthères lineaires, tétragones. Ovaires de trois à dix. Styles très-courts.

Le Pigamon, jaune, la plus vulgaire des cent espèces connues de ce genre, n'est pas seulement une plante remarquable par l'élévation et l'élégance de son port, par la légèreté et la grâce de ses grandes panicules de fleurs, il se recommande encore par ses propriétés salutaires qui lui ont valu le nom de Rhubarbe des pauvres. A la vérite, il ne se trouve plus dans nos officines et sa longue destinée pharmaceutique est suspendue par le système actuel ; mais il n'a pu perdre les qualités que tant de siecles lui ont attribuées, que Dodonœus et Boerhave ont constatées ; et les pauvres campagnards savent très-bien encore recueillir cette plante dans les prairies pour le soulagement de leurs maux.

Insectes observés sur les Thalictrum :

Thrips urticæ. Fab. — V. Vigne.

Calpe thalictri. Borkh. — Ce genre de Noctuelides ne comprend que celle espèce en Europe , tandis qu'il en renferme plusieurs dans l'Amérique du nord. Il se fait remarquer par le thorax partagé en cinq zónes transversales de poils ; la chenille de cette espèce est allongee , epaisse , moniliforme , très-lisse. Elle se renferme dans un léger tissu, entre des débris de feuilles.

Cidaria sagittariæ. Borkh. — V. Berberis. Elle a ete trouvee une fois sur les fleurs d'un Thalictrum, en Allemagne.

G. HEPATIQUE. HEPATICA. Dillen.

Sépales de six à neuf, pétaloïdes. Involucre caliciforme. Etamines pauci-seriees, a filets capillaires , épaissis au sommet. Ovaires nombreux.

Ce genre, qui a eté detache des Anemones auxquelles il est etroitement lié, ne comprend que l'Hépatique proprement dite, cette petite plante, dont les jolies fleurs, d'un bleu de ciel ou roses, egaient les bois et nos jardins dès le mois de levrier. Elle joint à ce merite, ses propriétes tonique, aperitive, vulnéraire et particulièrement la vertu de guérir les affections du foie, d'ou derive son nom, qui presente l'inconvénient d'avoir eté donné a une grande famille de plantes Cryptogames , auxquelles est accordee la même attribution. Cependant cette sorte de rivalite a ete mise d'accord par la pharmacie actuelle, qui n'emploie pas plus l'une que les autres.

Insectes observes sur l'Hépatique :

LÉPIDOPTERES

Lithosia rubricollis. Linn. — V. Tilleul
Paedisca hepaticana Tr. — V. Chêne.

G. ANEMONE. ANEMONE. Tourn.

Sepales en nombre indéfini, de cinq a vingt, petaloïdes. Etamines nombreuses , a filets capillaires , epaissis au sommet. Ovaires nombreux , agregés. Styles ascendants, subules.

Peu de fleurs sont aussi belles que les Anemones , elles réunissent l'elegance de la forme à l'éclat des couleurs, et ces dernières presentent une merveilleuse diversité dans les espèces cultivees. Elles sont en même temps au nombre des plus poëtiques. L'Anemone est née du sang d'Adonis ou des larmes de Vénus pleurant sa mort ; elle est Adonis lui-même, métamorphosé par la Déesse (1). S'épanouissant au souffle du vent, elle lui doit son nom (2) ; et, aussi éphémère que belle, elle est l'emblème des choses fragiles. Elle exprime la vanité de la gloire : *gloria vento discutitur ;* la fragilité de la beauté : *tenuis discutitur aura ;* la rapidité de la vie : *brevis est usus.* L'une d'elles, l'Anémone pulsatille, est le gracieux symbole de la mélancolie, par sa fleur violette, s'inclinant naturellement vers la terre.

L'Anémone des fleuristes n'est pas moins que la Renoncule, la Tulipe, l'Œillet, l'objet de l'admiration, de la convoitise, de la jalousie, de l'enthousiasme, du culte plutôt que de la culture de l'heureux possesseur. Pour obtenir celle qu'il convoitait, un amateur, conseiller au Parlement, alla faire, en robe de palais, une visite au célèbre fleuriste Bachelier, connu par ses refus obstinés de céder aucune de ses fleurs. Tout en lui exprimant son admiration pour la beauté de ses Anémones, il laissa flotter le pan de sa robe sur quelques-unes des plus remarquables. Comme les graines étaient en pleine maturité, elles purent s'y attacher facilement à l'aide du duvet qui les recouvre. Bachelier ne s'aperçut de rien alors ; mais grande fut sa surprise quand, l'année suivante, il vit se multiplier dans tous les jardins voisins, une plante dont il avait refusé des sommes considérables. I. J.

Insecte observé sur les Anémones :

LÉPIDOPTÈRE.

Adela degeerella. Linn. — V. Saule.
Sur l'A. nemorosa. Dup.

---

(1) . . . . Flos de sanguine concolor ortus,
Qualem quæ lento celant sub cortice ranum
Punica ferre solent : brevis est tamen usus in illo.
Namque male hærentem, et nimia levitate caducum
Excutiunt iidem qui perflant omnia venti
Ovid. lib. 10.

(2) Flos nunquam se aperit nisi vento spirante, unde et nomen ejus
Plin. lib. 6.

HELLEBORACEES. Helleboraceæ. Loisel de L.

Calice non persistant. Sépales de trois à cinq, ou en nombre indéfini. Pétales en nombre également indéfini, a filets filiformes Ovaires en nombre indéfini.

Cette petite famille se fait remarquer par quelques fleurs agréables, comme la Rose de Noël, ou bizarres dans leur conformation, telles que les Nigelles. les Ancolies. Elle comprend des plantes célèbres : l'Ellébore, a laquelle on suppose une si grande vertu, l'Aconit, l'un des plus formidables poisons

Les insectes qui vivent sur ces plantes sont peu nombreux.

HELLÉBORÉES. Helleboreæ. Spach.

Calice marcescent. Etamines hypogynes. Anthères adnées, plus ou moins comprimées.

CALTHINEES Calthineæ. Spach.

Calice régulier. Sépales au nombre de cinq ou en nombre indéfini. Pétales nuls ou linguliformes.

G. CALTHA. Caltha. Linn.

Sépales cinq, pétaloïdes. Pétales nuls. Etamines nombreuses, a filets filiformes Anthères oblongues. Ovaires de cinq à dix, unisériees. Styles courts, obtus.

Le Caltha vulgaire, qui est le Pupulage, le Souci d'eau de nos prairies marécageuses, y brille par ses grandes fleurs d'un jaune d'or, dont la forme elégante est celle d'une corbeille, *calathos*, d'où dérive son nom. A la vérité, les Grecs donnaient ce nom au Souci des jardins ; mais Linnée en a détourné le sens en faveur du Pupulage, par une de ces licences permises au génie.

Cette plante nous paie son tribut d'utilite par sa vertu detersive utilement employée contre les ulcères.

Insectes du Caltha :

COLÉOPTERES.

Anthaxia quadripunctata. Fab. — V. Cerisier.
Chrysomela hannoverana. Fab. — V. Saule. Sur le C. palustris.
Suff.

HEMIPTÈRE

Chermès calthæ. Linn. — V. Tamarisc.

LÉPIDOPTÈRES

Micropteryx calthella. Linn. — V. Cornouiller.

SECTION.

NIGELLINEES. NIGELLINEÆ. Spach.

Calice régulier, pétaloïde. Sépales au nombre de cinq, onguiculés. Pétales au nombre de cinq, bilabiés, lèvre extérieure
cuculliforme ; interieure recouvrant un capuchon.

G. NIGELLE. NIGELLA. Tourn.

Sepales égaux, planes. Lèvre extérieure, grande, interieure,
petite. Etamines trois-cinq, sériees, disposees en huit faisceaux,
filets filiformes.

Les Nigelles ou Nielles sont au nombre des fleurs que nous
aimons à voir dans les Bles, qui les egaient de leurs vives couleurs. Le Coquelicot, le Bleuet, le Pied d'Alouette, la Coque-
lourde concourent avec elles pour donner à nos champs cet air de
fête qui précède la moisson ; elles fournissent des fleurs aux
couronnes que se tressent les jeunes villageoises, aux guirlandes
dont elles parent les autels.

Les Nigelles des contrees méridionales, transportées dans nos
jardins, n'y ont pas moins de succès : celle d'Espagne, aux
grandes corolles panachées de blanc, de bleu et de violet ; celle
de Damas, dont l'élégante collerette lui a valu le nom de Cheveux
de Vénus (comment concevoir qu'on lui ait donné aussi celui de
Patte d'Araignee), se trouvent dans tous les parterres

Aux agréments de leurs fleurs, les Nigelles joignent les pro-
prietes de leurs graines, qui sont aromatiques, brûlantes, stimu-

lantes , et les mettent au nombre des condiments sous les noms
de poivrette , de toute-epice, de faux-cumin L'usage en est
immémorial en Orient , et l'on croit le reconnaitre dans un pas-
sage de l'ancien Testament (Esdras , 28. 25 .

Insectes observés sur les Nigelles :

HEMIPTERES.

Trigonosoma (Tetyra) Nigillæ. Fab. — Cette Cimicide vit sur la
N. Sativa.

Cimex Cerynthus. Linn. — Même observation.

SECTION.

ELLÉBORINEES. ELLEBORINEÆ. Spach.

Calice non-persistant , régulier. Sépales au nombre de cinq ,
pétaloïdés. Pétales en nombre indéfini, tubuleux, non-éperonnes.

G. ELLEBORE. ELLEBORUS. Linn.

Sépales persistants , inonguicules. Petales de cinq à vingt , ascendants , tubuleux. Etamines nombreuses , à filets filiformes.
Ovaires de trois à douze , subcylindriques.

Célèbre entre toutes les plantes médicinales des anciens, l'Ellébore
guérissait la plupart des maux et surtout l'aliénation mentale.
Depuis que le berger Mélampus avait rendu à la raison les filles
de Prœtis , depuis la guérison, aux îles Anticyres, d'Hercule devenu furieux , cette plante jouissait d'une réputation immense :
tous les grands medecins de la Grèce et de l'Italie l'employaient
avec succès. *Navigare Anticyras* était l'ordonnance qu'ils donnaient
a tous ceux qui étaient atteints de folie ; et , comme si les poètes
y avaient été les plus exposés , la nature avait donné une grande
supériorité a l'Ellebore recueilli sur le Parnasse et l'Helicon. Les
Grecs en prenaient aussi de légères infusions , comme nous pre-
nons le café , pour entretenir l'activite de l'esprit.

Pendant le moyen-âge et les temps modernes , l'Ellebore a
continué à inspirer beaucoup de confiance , et, jusques dans notre
siècle de scepticisme, on accorde à cette plante heroïque un grand

nombre de propriétés salutaires (1) indépendamment de celle relative à l'aliénation mentale, pour laquelle on l'emploie moins cependant que le calme, l'air de la campagne, l'exercice, le rafraîchissement du sang, l'assoupissement des passions, le retour aux douces affections de la famille, pour combattre la plus hideuse des maladies qui affligent l'humanité.

Insectes observés sur les Ellebores :

COLÉOPTÈRE.

Staphylinus hellebori. Linn. — V. Hêtre

SECTION.

ISOPYRINEES. Isopyrineæ. Spach.

Calice régulier, pétaloïde, non-persistant. Cinq sépales; cinq pétales bilobés ou cucuiliformes. Follicules unisériées, verticilles.

G. ANCOLIE Aquilegia. Linn.

Sépales planes, onguiculés. Pétales dressés, à lame indivisée, plane, prolongée postérieurement en long éperon tubuleux, descendant. Etamines nombreuses, pluri sériees, filets filiformes, élargis à la base. Cinq ovaires.

Les Ancolies nous plaisent par la conformation bizarrement harmonieuse de leurs fleurs renversées, aux pétales prolongés en longs éperons recourbés, semblables au bec ou aux serres de l'aigle (2). Cette singularité devient fantastique dans les fleurs doubles de nos jardins, dont toutes les étamines se transforment en pétales également éperonnés, et la beauté capricieuse qui en résulte s'accroît encore par la vivacité et la diversité des couleurs.

Les Ancolies, ainsi déguisées, masquées, conservent cependant les caractères de la famille et particulièrement l'âcreté, la causticité de leurs sucs. On a pu s'en servir comme aperitives et

---

(1) Les auteurs de matière médicale s'accordent à la considérer comme vomitive, purgative, diurétique, emménagogue, sternutatoire, altérante, anthelmintique, apéritive, antiphthisique, etc., etc.

(2) Origine de leur nom

sudorifiques ; mais elles sont aussi narcotiques, délétères , et l'emploi en est dangereux.

Insectes des Ancolies :

LÉPIDOPIÈRES.

Dianthœcia Chi. Linn. — La chenille de cette Noctuelide est rase , attenuée aux deux extrémités. Elle se renferme dans une coque de terre peu solide et enterrée assez profondément.

Tephrosia crepuscularia. W. W. — V. Bouleau.

DIPTERE.

Phytomyza miniuscula. Gour. — V. Houx. La larve mine les feuilles de l'A. vulgaris. Elle creuse de vastes galeries, au point que le parenchyme en est quelquefois entièrement enleve.

SECTION

ACONITINEES. Aconitineæ. Spach.

Calice irregulier. Sépales au nombre de cinq , dissemblables , le supérieur redresse , soit en forme de casque non eperonné, soit à lame plane ou cuculliforme. Petales soit au nombre de deux, cuculliformes, éperonnés postérieurement, soit au nombre de quatre, dont les deux inférieurs à lame plane , non eperonnee.

G. DAUPHINELLE. Delphinium.

Sépales à lame plane ; le supérieur eperonne ; les quatre autres onguiculés. Corolle en forme de gaîne trilobée , prolongée en eperon inclus dans l'éperon du calice. Etamines de douze à vingt, à filets subules. Ovaire solitaire.

Ces plantes , qui doivent leur nom a la forme de Dauphin que prennent leurs fleurs avant d'être epanouies , comprennent, entre autres éspèces, le Pied-d'Alouette, qui se mêle au Coquelicot et au Bleuet pour égayer nos champs de blé , et la Dauphinelle Ajax , qui personnifie le fils de Télamon , metamorphosé par les dieux , et dont le nom est ecrit à la base de la corolle. Cette fleur par—

tage d'ailleurs avec celle de l'Hyacinthe la gloire d'être née du sang de l'ami d'Apollon. (1)

Insectes des Dauphinelles :

COLEOPTÈRE.

Chrysomela adonidis. Fab. — V. Saule. Suff.

LÉPIDOPTÈRES.

Xanthia Echii Hering. — V. Saule. La chenille vit dans les capsules du D. consolida.

Dianthœcia Chi. Linn. — V. Ancolie.

Chariclara Delphinii. — Linn. Cette Noctuélide a la trompe très-longue. La chenille est allongée, moniliforme, lisse. Elle vit sur le D. Ajax, dont elle ronge les fleurs et les graines. Elle se renferme dans une coque de terre et de soie, enterrée assez profondément.

Heliothis marginata. Fab. — V. Coudrier.

G. ACONIT. Aconit. Linn.

Cinq sépales subonguiculés ; le supérieur en forme de casque. Deux petales petits, cuculliformes, inclus dans le casque, eperonnés postérieurement. Etamines nombreuses, courtes, à filets subulés. Ovaires de 3 à 6.

De toutes les plantes aux sucs âcres, délétères, aucune ne présente ce caractère au même degré que les Aconits, et particulierement le Napel de nos climats ; il n'en est pas de plus veneneuses. Les anciens et les modernes sont unanimes pour en attester les funestes effets. Les Grecs avaient horreur de l'Aconit au point qu'ils le faisaient naitre de l'écume de l'affreux Cerbère ; Médée en composait les plus noirs poisons.

> Hujus in exitium miscet Medea quod olim
> Attulerat secum scythicis Aconiton ab oris.   Ovid

Les guerriers en employaient les sucs pour rendre leurs flèches

---

(1) . . . . . . Rubefactaque sanguine tellus
Purpureum viridi genuit de cespite florem.
Qui prius Æbalio fuerat de vulnero natus.
Littera communis medus pueroque viroque
Inscriptis est folis, hæc nominis, illa querulæ

plus meurtrières. Mais ils s'en servaient aussi pour detruire les animaux malfaisants, et telle a été l'origine de plusieurs des noms donnés à l'Aconit : Pardalianche (1), Lycoclonos (2), Cynoctonon (3), Myoctonon (4). Quant au nom même d'Aconit, il dérive, selon Pline, des lieux où il croît : *Nascitur in nudis cautibus, quas Aconas nominant.*

Comme tous les poisons, l'Aconit peut devenir remède : les Hindous préparent avec ses racines une huile qui passe pour un spécifique contre le choléra. Le medecin autrichien Stœren, à la suite de nombreuses expérimentations faites quelquefois sur lui-même, a exalté les vertus de l'Aconit. Il regarde le suc epaissi de ses feuilles comme un excellent moyen de combattre un grand nombre de maladies ; mais l'expérience a peu confirmé ses assertions, et l'hydropisie est la seule affection contre laquelle l'extrait d'Aconit puisse efficacement servir de remède.

Insectes de l'Aconit :

COLEOPTERE.

Chrysomela lussilaginis. Suff. — V. Saule. Elle vit sur l'A. Napel.

LÉPIDOPTERES.

Polyommatus Ægon. Bortkh. — La chenille de cette Lycœnide a la forme de Cloporte. Elle s'attache, pour se transformer, comme les papillons, par la queue et par un lien transversal.

Plusia moneta. Fab —V. Lonicère. Il paraît que la chenille vit sur l'Aconit. Freyer.

CLASSE.

RHEADEES. Rhœadea. Bartl.

Pétales et étamines hypogynes. Ovaire symetrique, inadhérent. Placentaires parietaux.

---

(1) Etrangle Léopard
(2) Tue Loup.
(3) Tue Chien.
(4) Tue Rat.

Cette classe considerable présente à la fois un ensemble de caractères essentiels qui semble indiquer une uniformité de composition , et en même temps une diversité remarquable des caractères secondaires qui ont donné naissance à de nombreuses familles (1) fort etrangères en apparence les unes aux autres. Par exemple, les Crucifères, les Papavéracées, les Résedacées, les Polygalées , ont chacune une manière d'être qui rend fort mystérieux le lien qui les unit. Il en résulte que le nom de Rhéadées , qui a été donné à la classe et qui vient de *Rhœas* , nom latin du Coquelicot , est fort arbitraire.

FAMILLE.

CRUCIFERES. Cruciferæ. Juss.

Sépales et petales au nombre de quatre. Six étamines tetradynames. Deux placentaires , périsperme nul.

Cette famille , éminemment naturelle par son organisation , ne l'est pas moins par sa composition chimique. Un principe âcre et volatil , répandu dans toutes les parties et la présence de l'azote , la caractérisent aussi généralement que la fleur en croix et les six étamines inégales. C'est à cette composition intime que sont dues les propriétés stimulantes , anti-scorbutiques que toute cette famille possède, et qui sont d'autant plus précieuses , providentielles , que les Crucifères croissent particulièrement dans les climats humides et froids.

Cependant , autant cette famille offre-t-elle d'unite , autant y trouvons-nous de diversité dans les modifications. Cette diversité est attestée par les douze cents espèces qui la composent, reparties en un grand nombre de tribus et de genres, savamment élaborés par l'élite des botanistes. Parmi les particularités que presentent ces modifications , nous mentionnerons les suivantes : les feuilles radicales des Cardamines produisent souvent des racines aux nervures de leur face inférieure, et des rosettes de

_____

(1) Ces familles sont : les Capparidées , les Crucifères , les Papavéracées . les Fumariacées , les Résedacées , les Polygalées et les Tremandrées.

folioles sur les nervures supérieures ; une espèce de Dentaires se singularise, à l'aisselle des feuilles, par la production de bulbilles qui se développent, tombent et forment de nouvelles plantes, mode supplémentaire de multiplication, dont les Dicotylédones ne présentent pas d'autre exemple ; le Raifort, presqu'inodore lorsqu'on le coupe longitudinalement, développe, par la section transversale, un principe volatil tellement âcre, que les yeux ne peuvent le supporter et se remplissent de larmes.

La même diversité se manifeste dans les propriétés des Crucifères par l'effet des différentes combinaisons des principes constitutifs, et il en résulte que ces plantes intéressent grandement la médecine, l'économie domestique et l'industrie. La médecine leur emprunte des remèdes souverains pour combattre non-seulement le scorbut, mais encore un grand nombre d'affections cutanées, lymphatiques, pulmonaires. L'hygiène y trouve des moyens tellement puissants pour conserver la santé, que le capitaine Cook attribuait à l'une d'elles, la Choucroûte, la plus grande part dans la conservation presque miraculeuse de son équipage de 118 hommes, lors de son voyage autour du monde, pendant une pénible navigation de trois années.

Sous le rapport de l'économie domestique, nous devons aux Crucifères un aliment abondant pour nous et nos bestiaux : Le Chou, sous toutes les formes que la nature et la culture lui ont données, satisfait les appétits les plus grossiers comme les plus délicats. Ils nous fournissent en assaisonnements, le Cresson, la Moutarde, le Raifort de l'automne, le Radis printannier.

L'industrie trouve en eux les graines oléagineuses du Colza, de la Navette, de la Cameline, dont l'agriculture retire tant d'avantages ; et pendant bien des siècles, une substance colorante, le Pastel, fut une production précieuse jusqu'au moment où il fut supplanté par l'Indigo.

Les Crucifères intéressent aussi l'horticulture par les Juliennes, les Giroflées, les Thlaspi, les Corbeilles d'or, dont se parent nos jardins. Enfin une petite plante de l'Orient pique la curiosité

4

par ses propriétés hygrométriques, et elle est l'objet de croyances populaires dues à son origine : la Rose de Jéricho (1) se dilate tous les ans au jour et à l'heure de la naissance du Christ ; et les jeunes femmes, au moment de devenir mères pour la première fois, la plongent dans l'eau et attendent son épanouissement comme le signal de leur délivrance.

Les insectes qui vivent sur les Crucifères ne sont pas nombreux en espèces, mais ils sont quelquefois innombrables en individus, et ils compromettent souvent la récolte des plantes cultivées. Parmi les Coléoptères, les Altises commettent de grands ravages dans les champs de Colza, sous la forme de larve et d'insecte parfait. Plusieurs espèces de Charençons attaquent le Sisymbrium, l'Alliaire, le Cochlearia, la Cameline. Les Lépidoptères sont particulièrement les Piéris, dont les chenilles dévastent les Choux, les Navets, au point de les détruire si l'on n'y apporte pas d'obstacle. Les Anglais font passer dans leurs champs de Turneps des troupes de canards qui opèrent parfaitement l'échenillage.

TRIBU.

LOMENTEUSES Lomentosæ. Spach.

Ovaire uniloculaire (dès l'origine), ou biloculaire avant la floraison, parfaitement continu, plus tard étranglé. Péricarpe articulé au point correspondant à l'étranglement de l'ovaire.

G. CRAMBE. Crambe Tournef.

Sépales réfléchis ou étalés. Pétales brièvement onguiculés. Lames étalées. Quatre glandules. Filets des étamines filiformes. Les deux impairs un peu plus courts, convergents, inappendiculés ; les quatre autres divergents au sommet. Anthères sagittiformes. Ovaire uniloculaire.

Le nom de Crambé(2), aride, que les Grecs donnaient au Chou, parce que l'espèce qu'ils connaissaient croissait dans les lieux secs, a été limité par Tournefort, au Chou-Marin, devenu le type

(1) Anastatica hygrometrica.
(2) Le nom Arabe Korumt a la même origine.

d'un genre. Cette plante croît naturellement sur les plages sablonneuses , dont ses racines sont propres à fixer les dunes par leur abondance. Cependant il est cultivé dans les potagers , surtout en Angleterre. Ses jeunes pousses , étiolées (blanchies), sont abondantes , précoces , et leur saveur participe de celle de l'Asperge et du Brocoli.

Insectes du Crambé :

DIPTÈRE.

Phytomysa geniculata. Macq. — V. Chou. La larve mine les feuilles du Crambé.

G. RAPHANUS. RAPHANUS. Linn.

Sépales ascendants , connivents , naviculaires ; les deux latéraux plus larges. Pétales longuement onguiculés. Etamines à filets inappendiculés. Ovaire grêle , columnaire.

Le Raifort et le Radis sont les modifications extrêmes d'un type inconnu , présentant les mêmes qualités plus ou moins intenses, sous les apparences les plus contrastantes ; l'un et l'autre doués de propriétés salutaires, particulièrement antiscorbutiques, comme toutes les Crucifères, très-digestifs et pourtant indigestes. Le Raifort automnal , souvent énorme , noir , dur , sec , âcre , prodigue ses vertus aux estomacs robustes. Le Radis , qui nous annonce le retour du printemps , est mignon, couleur de rose , tendre , succulent, d'une saveur doucement piquante. Sa vue seule , déjà, provoque l'appétit, et il brille au premier rang des hors-d'œuvre : les Olives , les Anchois , les Saucissons et autres friandises de même nature.

Leur origine est , dit-on , chinoise. Leur culture était connue dans la Grèce antique , où ils ont pris leur nom générique, plus ou moins altéré dans plusieurs langues de l'Europe (1) ; et qui , suivant Théophraste , exprime la facilité avec laquelle les graines lèvent. En français, Raphanus paraît se retrouver dans Ravenelle, d'où est venue Rave. Le nom de Radis (2) derive de *radix* , qui lui a été donné par Varron et plusieurs autres anciens : toute son

(1) En italien Ravano, Ravanello, en espagnol Rabano.
(2) En anglais Radish, en allemand Rettig , en suédois Raettika.

importance résidant dans sa racine. Quant à celui de Raifort , il semble au premier abord une altération de Raphanus ; mais il n'en est rien : c'est une contraction de *Radix fortis*, racine forte , à cause de son âcreté.

Le Raifort , dit M. Le Maout, est presqu'inodore lorsqu'on le coupe longitudinalement , c'est-à-dire dans le sens de ses vaisseaux ; tandis que , par la section transversale , ou la contusion , il développe un principe volatil d'une telle âcreté, que les yeux ne peuvent le supporter. Cette circonstance , dit le savant et judicieux pharmacologue Guibourg, indique que le principe âcre, volatil du Raifort , n'est pas tout formé dans la racine , et qu'il ne prend naissance que quand , par la rupture des vaisseaux et par l'intermédiaire de l'eau qu'ils contiennent , des principes différents , isolés dans des vaisseaux particuliers , viennent à se mêler et à réagir les uns sur les autres. Les chimistes ont analysé cette précieuse racine , et ils en ont retiré de l'albumine, de l'amidon , de la gomme , du sucre , une résine amère , des sels de chaux , et surtout une huile volatile très-âcre, contenant du soufre , à laquelle le Raifort doit ses propriétés.

Insectes des *Raphanus* :

COLÉOPTÈRES.

Tropinota crinita.Charp.—Ce Brachélytre vit sur les Radis.Perris

Ceutorhynchus raphani. — V. Bruyère.

Gastrophysa raphani. Fab. —Cette Chrysoméline ronge les feuilles des R.

Chrysomela raphani. Fab. —V. Saule. Elle vit sur les R. Suffr.

HÉMIPTÈRES.

Aphis raphani. Schv. — V. Cornouiller.

— Isatis. Fons Col. — V. ibid.

LÉPIDOPTÈRES.

Eriopus latreillei. Dup. — La chenille de cette Noctuélide est rase , un peu atténuée antérieurement. Elle se renferme dans une coque légère, enterrée peu profondément.

Chariptera polymita Linn. — La chenille de cette Noctuélide est rase , aplatie en dessous , atténuée aux extrémités et munie de deux tubercules sur les trois derniers segments. Elle s'enfonce un peu dans la terre pour se transformer.

TRIBU.

SILIQUEUSES. Siliquosæ. Spach.

Ovaire biloculaire , continu. Péricarpe linéaire ou columnaire, inarticulé, biloculaire.

G. CHOU. Brassica. Linn.

Sépales étalés ou presque dressés, naviculaires. Pétales onguiculés ; quatre glandules. Etamines à filets anisomères. Anthères saginiformes. Ovaire grêle. Silique comprimée.

De toutes les plantes potagères , le Chou est la plus populaire , la plus répandue , celle dont la culture a le plus modifié le type, et qui présente le plus d'utilité. Il est si vulgaire , si trivial, si prosaïque , que Delille ne put jamais le placer dans un vers , quelque désir qu'il en eût. Le Chou est répandu dans tous les temps comme dans tous les lieux. Il remonte aux premiers âges du monde; et l'homme l'a transporté avec lui sur tous les points du globe.

Aucune plante potagère n'a été aussi modifiée par la culture que le Chou. Il prend les couleurs, les formes , les dimensions les plus diverses. Son feuillage est tantôt diffus , frangé , frisé ; tantôt il se concentre et s'arrondit en tête, sous le nom de Cabus (1), et peut grossir au point de peser 40 kilog. Quelquefois la tige s'épaissit à sa base, et le Chou semble une Rave. D'autres fois , les organes de la floraison se tuméfient, s'accumulent, s'agglomèrent en masse énorme , et le Chou-fleur est un bouquet qui nous est agréable à plus d'un titre. Parfois le Chou s'élance ; sa cime s'étend comme celle du Palmier, dont il porte le nom ; et, cultivé en grand nombre , il forme des simulacres d'épaisses forêts dans lesquelles nous nous promenons à l'abri de toutes les intempéries. Par contraste , le Chou de Bruxelles nous présente sa petite rosette, dont la délicatesse a assuré le succès dans le monde gastronome.

_____

(1) Cabus vient de caput , nom qu'il portait encore au 15.e siècle.

Toute cette diversité multiplie l'utilité du Chou et l'importance de ses attributions dans l'économie domestique. En agriculture, il se recommande comme plante fourragère dont la feuille fournit aux bestiaux, pendant une partie de l'hiver, un aliment frais, sain et abondant.

Partie importante de la nourriture du pauvre et du campagnard, le Chou paraît aussi sur la table du riche et du citadin. Il entre dans plusieurs combinaisons culinaires chères aux gourmets : la Perdrix aux Choux, où l'un semble fait pour l'autre ; la Garbure des Pyrénées, qui prend place dans les souvenirs de Bagnères-de-Luchon, du Val d'Andorre et du lac de Gaube. Le petit salé aux Choux, sur lequel l'empereur Claude consulta un jour le sénat, comme Domitien le fit sur la sauce du Turbot.

Le Chou prend un plus haut degré d'utilité et d'importance, au moins dans le Nord de l'Europe, lorsque la fermentation en fait la Choucroute (*Sauer kraut*, herbe aigrie). Non-seulement c'est un aliment dont on fait un grand usage, mais qui est en même temps plus digestif et salubre. Elle rend un immense service à la marine, par sa vertu antiscorbutique, et le capitaine Cook lui attribuait la plus grande part dans la conservation presque miraculeuse de son équipage de 118 hommes, lors de son voyage autour du monde, pendant une pénible navigation de trois années.

A cette qualité hygiénique, le Chou joint beaucoup d'autres propriétés salutaires, mais qui, pour la plupart, sont tombées en discrédit. C'est à peine si l'on croit encore à l'efficacité du bouillon pectoral du Chou rouge. Que les temps sont changés ! Toute l'antiquité vénérait le Chou : Pythagore, Hippocrate, Théophraste, Aristote, Varron, Caton l'ancien, Pline, célébrèrent ses vertus ; Chrysippe écrivit un gros livre sur toutes ses éminentes qualités. Il servit de remède universel à Rome pendant la longue expulsion des médecins. Diogène eu fit ses délices dans son tonneau ; enfin Martial dit, à la vérité plaisamment, que le Chou-Rave sert encore d'aliment à Romulus dans le ciel.

Hæc tibi brumali gaudentia frigore rapa
Quæ damus, in cœlo Romulus esse solet

(Epigr. lib XIII.)

Parmi les opinions et les préjugés des anciens sur le Chou, nous ne citerons que les suivants : Au milieu du concert de louanges qui lui étaient données, des voix discordantes s'élevaient dans la Grèce, en disant : Deux fois du Chou, c'est la mort. Aristote, Théophraste, Varron, lui accordaient la propriété de prévenir et de dissiper l'ivresse, et il paraît que cette erreur se liait à celle d'une prétendue antipathie entre la Vigne et le Chou. Suivant Pline, les Raves provenaient de la vieille graine de Chou, et les Choux de la vieille graine de Rave.

Les Grecs lui donnaient le nom de Krambe, korambé, que l'on retrouve dans Korumb en arabe. Les Romains l'appelaient Brassica, dont on ignore l'origine, à moins qu'on ne le fasse dériver du celtique Brésia; ils le nommaient aussi Caulis, qui, par une coïncidence singulière, ressemble à Kohl, le nom germanique; de sorte que nous ne savons pas si le nom de Chou provient de l'un ou de l'autre.

Insectes observés sur les Choux :

COLÉOPTÈRES.

Staphylinus brassicæ. Linn. — V. Hêtre, Brez.

Anisoplia horticola. Fab. — V. Rosier. La larve vit dans les racines du B. Capitata.

Balaninus brassicæ. Fab. — V. Noyer.

Baris picinus. Germ. — V. Bouleau Les larves vivent dans les collets des vieux Choux. Ce Charençon, dans le midi de la France, perfore les tiges, arrête la seve, et fait languir la plante.

Baris cuprirostris. Fab. — V. Ibid.

Ceutorhynchus fulcicollis. Fab. — V. Bruyère. Les larves occasionnent des tubercules au collet. Elles en sortent pour se transformer, s'enfoncent dans la terre et se construisent une coque ronde.

Ceutorhynchus napi. Koch. — V. Ibid.

Phyllotreta brassicæ. Fab.--Cette Chrysoméline vit sur les Choux.

Psyllioides chrysocephala. Panz.-Même observation sur les Colzas

Psyllioides napi. Fab. — V. Ibid.

Chrysomela hyosciami. Linn. — V. Saule. Brez.

HYMÉNOPTÈRE.

Allantus rapæ. Jur. — La larve de cette Tenthrédine fait quelquefois de grands dégats.

HÉMIPTÈRES.

Aphis brassicæ. Linn. — V. Cornouiller.

—·— Isatis. Fons. Col. — V. Ibid.

Aleurodes chelidonii. Linn. — Cet Hémiptère se tient sous les feuilles des Choux.

LEPIDOPTÈRES.

Papilio podalirius. Linn. — V. Poirier.

Pieris brassicæ. Linn. — La chenille de ce papillon est pubescente. Elle s'attache, pour se transformer, par la queue et par un lien transversal. La chrysalide a l'abdomen mobile.

Pieris rapæ. Linn. — V. Ibid.

—·— napi. Linn. — V. Ibid.

—— daplidice. Linn. — V. Ibid.

Anthocharis cardamines. Linn. — La chrysalide de ce papillon est arquée, et elle a l'abdomen immobile.

Leucopharia sinapis. Linn. — La chrysalide de ce papillon diffère de celle de l'Anthocharis par l'abdomen non-arqué.

Arctia fuliginosa. Linn. — V. Poirier.

Cerastis silené. W. W. — V. Buis. .

Hadena brassicæ. Linn. — V. Spartier.

Agrotis segetum. W. W. — V. Bruyère.

Pionea forficalis. Linn. — V. Tamarisc.

Pterophorus mictodactylus. Zell. — V. Rosier. La chenille vit des feuilles de Choux et se tient sur la surface inferieure. Bouché.

DIPTÈRES.

Cecidomyia brassicæ. Loew. — V. Saule. La larve vit dans les pousses des différentes espèces de Choux. Win.

Ocyptera brassicaria. Fab. — Cette Muscide se trouve souvent sur les Choux.

G. SÉNEVE. Sinapis. Linn.

Caractères des Choux, dont il ne diffère que par la silique à bec très-grêle.

Le Sénevé, dont le nom dérive du nom latin (1), porte aussi celui de Moutarde, *Mustum ardens*, qui en exprime la substance rendue brûlante par l'adjonction de la graine de cette plante. Nous devons à l'acrimonie de cette graine ses propriétés en économie domestique et en médecine. Elle nous fournit l'assaisonnement que l'art culinaire a perfectionné au gré des palais les plus experts. Sous le rapport thérapeutique, cette graine énergique et irritante est surtout employée en sinapismes, ce moyen si puissant de réveiller l'action générale du système nerveux.

Le grain de Sénevé jouit d'une autre célébrité aussi répandue que le livre sacré qui en fait mention. Le royaume de Dieu est semblable à un grain de Sénevé qu'un homme a pris, et qu'il a semé dans son champ. Ce grain de Sénevé, la plus petite des semences, c'est l'abjection de la naissance de Jésus-Christ dans une étable, l'humble condition de son père présumé, sa vie obscure, le choix de ses apôtres, sa mort qui montre tous les traits de la faiblesse et de l'impuissance.

Mais, lorsque le Sénevé a cru, il est plus grand que tous les légumes, et il devient un arbre, de sorte que les oiseaux du ciel viennent se reposer sur ses branches. Cet arbre, c'est le Christianisme qui s'est étendu sur tout le monde et qui l'a régénéré.

Insectes du Sénevé :

HÉMIPTÈRE.

Aphis isatidis. Fons Col. — V. Cornouiller. Kaltenbach l'a observé sur la Moutarde.

LÉPIDOPTERES

Leucophasia sinapis. Linn. — V. Chou.

Arctia fuliginosa. — V. Poirier.

G. JULIENNE. Hesperis. Linn.

Sépales dressés, connivents. Pétales onguiculés ; deux glan-

(1) Sinapis est formé de deux mots grecs qui signifient *nuisible aux yeux* a cause de sa grande acrimonie.

dules. Les filets des deux étamines impairs, filiformes ; ceux des quatre autres, subtrigones. Ovaire biloculaire.

La Julienne, *Hesperis matronalis*, s'est tellement embellie en passant des bois dans les jardins , qu'elle est aux mois de mai et de juin , et depuis un temps immémorial , le plus bel ornement de nos plates-bandes, par ses fleurs doubles, blanches ou violettes , groupées en bouquets touffus. L'odeur suave qu'elle exhale , surtout le soir, ajoute encore à la faveur dont elle jouit sans rien devoir à l'engouement de la mode.

C'est à ses parfums du soir qu'elle doit le nom d'Hesperis , qu'elle portait déjà au temps de Pline. Linnée lui a donné celui de *Matronalis* , pour exprimer la prédilection qu'avaient pour elle les mères de famille en Suède. Nous ignorons l'origine des noms de Julienne , de Girarde , de Beurrée , de Damas , qu'elle porte en différentes parties de la France.

Insectes des Hespéris :

LÉPIDOPTERE.

Alucita porrectella. L. (A. Julianella. Lut.) — La chenille de cette Tinéïde est fusiforme ; elle vit cachée sous un tissu lâche , attachée aux feuilles ; et elle se fabrique, dans l'intérieur de ce tissu , une coque artistement travaillée en treillis, avant de se transformer. Elle commet quelquefois de grands dégats dans les potagers.

G. GIROFLEE. Cheiranthus. Linn.

Sépales dresses , connivents. Pétales onguiculés ; six glandules. Etamines à filets tétragones. Ovaire tétraèdre , biloculaire.

Les Giroflées , comme les Juliennes, doivent à la culture leur beauté et le rang qu'elles occupent dans nos jardins. Les premières , dont le parfum se rapproche de celui du Girofle, qui lui a donné son nom. jouissent particulièrement de la faculté de prosperer dans les pots à fleur , ce qui les rend précieuses pour l'ornement des cours, des vestibules, des appuis de fenêtres , c'est-à-dire les jardins des gens qui n'en ont pas. Elle est la fleur favorite du pauvre artisan. Le savetier du coin en pare son échoppe, et , à l'aide de la chanson apprise de son sansonnet, il entretient sa gaîté qui importune l'ennui du financier

Insectes des Giroflées :

Triphœna pronuba. Linn. — V. Hêtre.

Solenoptera meticulosa. Linn. — La chenille de cette Noctuélite est glabre , amincie vers la partie antérieure ; la tête est petite et globuleuse ; elle se cache sous les feuilles pendant le jour. La chrysalide est renfermée dans une coque légère, à peine enfoncée dans la terre.

Alucita xylostella. Linn. — La chenille , qui est fusiforme , vit sous un tissu lâche, attaché aux feuilles dont elle se nourrit. Avant de se métamorphoser, elle se construit dans ce tissu un cocon en treillis.

Phytomyza geniculata.. Macq. — V. Houx. La larve mine les feuilles de la G. odorante. Gour.

G. BARBARÉE. BARBAREA, Rob. Br.

Sépales naviculaires. Pétales onguiculés ; six glandules. Etamines à filets filiformes, anguleux. Ovaire biloculaire , tétragone.

La modeste plante qui croît solitairement sur le bord sablonneux des ruisseaux et des rivières, qui n'attire nos regards ni par l'élégance des fleurs, ni par la suavité du parfum, possède cependant des vertus bienfaisantes qui n'ont pu rester cachées, et qui lui ont valu une réputation populaire. Sous les noms d'herbe de Sainte-Barbe, des Charpentiers, de Rondette , de Julienne jaune, la Barbarée officinale se recommande dans la médecine domestique comme détersive, vulnéraire, dépurative ; les jeunes feuilles en salade valent le Cresson des fontaines. Enfin cette plante est d'autant plus utile que , par une rare exception, elle est répandue sur toute la surface septentrionale de l'Europe , de l'Asie et de l'Amérique.

Insectes des Barbarea :

COLÉOPTERE.

Cryptocephalus barbaræ. Linn. — V. Cornouiller. Il vit sur les fleurs de la B. vulgaris. Brez.

DIPTÈRE.

Cecidomyia sisymbrii. Schr. — V. Saule. Dans la fleur déformée du B. vulgaris. Winn.

G. SISYMBRIUM. Sisymbrium. Linn.

Sépales naviculaires. Pétales brièvement onguiculés ; six glandules. Etamines à filets filiformes , divergents. Ovaire biloculaire , cylindrique.

Les Sisymbrium de Théophraste, ceux de Linnée et ceux de l'époque actuelle , présentent trois phases bien différentes de la Botanique. Théophraste , en décrivant ces plantes , tombe dans une erreur qui nous confond d'étonnement dans un disciple d'Aristote , mais qui nous montre la science dans son berceau. Il dit que le Sisymbrium (S. hortense) se convertit en Menthe (M. aquatica) quand cette plante n'est pas cultivée ; phénomène qu'il explique en disant que par le défaut de culture, les racines grossissent et changent la substance de la plante dont les tiges s'affaiblissent et l'odeur s'adoucit , comme si , dit Matthiole , la ressemblance des deux espèces ne provenait que de l'odeur et du germe, comme si ces changements existaient dans la nature.

Linnée, l'Aristote moderne en histoire naturelle , fonda le genre Sisymbrium sur les bases les plus solides.

Dans l'état actuel de la Botanique , les Sisymbrium sont divisés en plusieurs genres (1), dont les caractères différentiels attestent l'étude approfondie de l'organisation

Le nom grec a évidemment la même origine que le nom arabe *Sisnaber*.

Insectes des Sisymbres :

(1) Les genres *Alliaria*, Adans, *Clandestinaria*. Spach , *Nasturtium*, C. Bauh . *Chamaeplium*, Walt , *Toripa*, Bess.

COLÉOPTÈRES.

Cleonis sisymbrii. Dahl. — V. Bruyère.

Ceutorhynchus sisymbrii. Fab. — V. Bruyère.

Teinodactyla sisymbrii. Fab. — Cette Chrysoméline vit sur le S. Sophia. Brez.

LÉPIDOPTÈRES.

Scopula sophialis. Fab. — V. Prunier. La chenille vit sur le S. Sophia.

Rhinosia vitella. Linn. (R. Sisymbrella. W. W.) — V. Génévrier.

Alucita xylostella. W. W. — V. Hesperis.

DIPTÈRES.

Cecidomyia sisymbrii. Sch. — V. Saule. La larve vit dans la fleur déformée du S. sylvestre. Winn.

G. ALLIAIRE. ALLIARIA. Adans.

Sépales caducs, naviculaires ; pétales onguiculés ; quatre glandules. Etamines à filets filiformes, anguleux. Ovaire biloculaire, grêle, tétragone.

L'Alliaire doit son nom à une particularité physiologique singulière, à une analogie étonnante avec une autre plante dont elle diffère complètement sous les autres rapports : avec l'Ail. Elle en a l'odeur la plus prononcée, et si intense qu'elle se communique au lait des vaches et aux œufs des poules qui en mangent le feuillage ; les habitants des campagnes en expriment le suc sur le pain. Enfin elle présente toutes les propriétés médicinales de l'Ail, et en est la succédanée dans les régions septentrionales.

Insectes de l'Alliaire.

COLEOPTÈRE.

Curculio alliariæ. L. — Il perfore les tiges de l'*A. officinal.*

LÉPIDOPTÈRES.

Adela (Eutyphia. Hubn.) rufimitrella. Scap. — V. Saule. La chenille se nourrit des fleurs de l'*A. offic.* Schlag.

G. NASTURCE. NASTURTIUM. C. Bauh.

Sépales naviculaires ; pétales onguiculés ; quatre glandules. Etamines a filets filiformes. Ovaire cylindrique.

Le Cresson des fontaines, type de ce genre, possède des qualités à la fois si agréables au goût, et si énergiques, qu'il joue un rôle important en économie domestique et en médecine. Il est l'objet d'une prodigieuse consommation culinaire, grâce à la combinaison de l'amertume et de l'âcreté finement mitigés, qui constitue l'un des assaisonnements les plus chers aux gourmets comme au vulgaire. En hygiène, il est proclamé la *Santé du corps* par la voix du peuple. En médecine, c'est un puissant stimulant qui produit les effets les plus salutaires, et qui, au contraire de tant de plantes tombées en discrédit, jouit de la même faveur dont il était en possession chez les anciens. Ils préféraient entre tous le Cresson de Babylone, et ils reconnaissaient à cette plante une multitude de vertus, telles que de donner de l'esprit à ceux qui en manquent. Nous pouvons croire qu'ils lui trouvaient des qualités plus violentes que nous, si nous en jugeons par son nom de Nasturtium qui exprime la torsion du nez, effet qu'ils lui attribuaient, ainsi que disait Varron : *Nasturtium nonne vides ab eo dici, quod nasum torqueat?* Pour nous, il irrite beaucoup moins l'organe de l'odorat qu'il ne flatte celui du goût.

Le Cresson croît spontanément dans les ruisseaux, les sources, les fontaines; s'il cache le cristal des eaux, il le recouvre du tapis le plus vert, le plus frais ; mais toutes les fontaines et les ruisseaux sont loin de fournir aux exigences de la consommation, et il a fallu recourir aux cressonnières artificielles, aux ruisseaux factices, aux baquets, et même aux toiles imbibées sur lesquelles le Cresson semé se développe rapidement, conformément à l'étymologie de son nom français, *a crescendi celeritate.*

Insectes du Nasturtium.

COLÉOPTÈRES.

Poophagus nasturtii. Span. — Il vit sur le *N. officinale.*
Teinodactyla nasturtii. Fab. — V. Sisymbrium.

HÉMIPTÈRE,

Thrips urticæ. Fab. — V. Vigne.

G. CHAMAEPLIUM. Chamæplium. Wallr.

Sépales quatre, égaux, presque dressés. Pétales spathulés. Glandules insérées par paires devant les deux sépales latéraux. Etamines à filets filiformes. Ovaire conique.

La seule espèce de ce genre est le *C. officinale*, le Vélar, cette herbe si commune partout, qui depuis Théophraste jusqu'à nos jours, a été préconisée pour ses propriétés médicinales, et particulièrement comme héroïque dans les toux invétérées qui altèrent la voix, ce qui l'a fait nommer l'Herbe au chantre.

Insectes du Chamæplium.

COLÉOPTÈRE.

Ceutorhynchus erysimi. Gyll. — V. Bruyère.

G CARDAMINE. Cardamine. Linn.

Sépales naviculaires. Pétales onguiculés. Quatre ou six glandules. Etamines au nombre de six ou de quatre (par manque des deux impaires), à filets filiformes. Ovaire biloculaire, linéaire, comprimée. Silique tronquée.

La Cardamine, connue sous le nom de Cresson des prés, offre en un degré inférieur, les propriétés de celui des fontaines; à défaut de celui-ci, elle en tient lieu, comme en Suède où elle est très usitée; mais elle rachète l'infériorité de ses qualités utiles par l'élégance de ses jolies fleurs et leur doux parfum. La variété à fleurs doubles obtient les honneurs de la culture dans les parterres des jardins.

Les folioles des feuilles radicales présentent un phénomène singulier qui a été signalé par Goldbach dans les mémoires des naturalistes de Moscou. Elles produisent assez souvent des racines aux nervures de leur face inférieure, et des rosettes de folioles ou des ramules, soit à leur aisselle, soit aux nervures de leur face supérieure.

Le nom de Cardamine est le nom grec du Cresson.

Insectes des Cardamines.

COLÉOPTÈRE.

Phyllotreta nemorum. Fab. — V. Brassica.

LÉPIDOPTÈRES.

Anthocharis cardaminis. Linn. — V. Brassica.

Adela Frischella. Linn. — V. Saule. Sur les fleurs de la *Cardamine pratensis*. Zeller.

Adela rufimitrella. Scop. — V. ibid. Sur les fleurs de la *C. pratensis*. Zell.

DIPTÈRES.

Cecidomyia cardaminis. Winn. — V. Saule. La larve vit dans les fleurs déformées du *C. pratensis*.

Empis pennipes. Linn. — Cette Empidie vit sur les fleurs de la *C. prat.*

G. DENTAIRE. Dentaria. Linn.

Sépales dressés, les latéraux naviculaires, les autres presque planes. Pétales onguiculés. Quatre ou six glandules. Etamines à filets filiformes, rectilignes. Ovaires subtétragones. Silique aplatie, sublancéolée.

Voisines des Cardamines auxquelles elles ont été réunies par Robert Brown, les Dentaires croissent dans les forêts qui couvrent le flanc des montagnes. Elles s'y font remarquer par leurs grandes fleurs blanches ou purpurines, élégamment groupées, qui les font quelquefois cultiver dans les jardins. Leur analogie, quoique éloignée avec le Cresson, rend l'une des espèces usuelle dans la Caroline où elle sert d'assaisonnement.

Une autre espèce présente une singularité organique, rare surtout parmi les plantes Dicotylédones : ce sont les bulbilles qui, au lieu des bourgeons, se produisent à l'aisselle des feuilles, et qui, parvenues au terme de leur développement, tombent et forment de nouvelles plantes. Ce mode supplémentaire de multiplication, semblable à celui que présentent des espèces, également isolées, des genres Lis, Crinum, Ail, Agave, paraît déterminé, soit par une infériorité dans les produits de la génération normale, soit par une nécessité que ces espèces soient plus fécondes que les autres, considérations bien dignes des investigations de la Physiologie végétale.

Insectes des Dentaires.

COLÉOPTERE.

Phyllotreta nemorum. Fab. — V. Brassica. Sur le D. bulbifera. Brez.

TRIBU.

SILICULEUSES. Siliculosæ.

Ovaire court, inarticulé, biloculaire. Péricarpe plus large que long, ou orbiculaire, ou peu allongé

G. COCHLÉARIA. Cochlearia. Linn.

Sépales presque cuculliformes, égaux. Pétales brièvement onguiculés ; quatre glandules. Etamines à filets filiformes, ascendants. Ovaire subdidyme.

Peu de plantes dévoilent aussi manifestement que le Cochléaria la bonté secourable de la Providence. Il croît en abondance sur les grèves sablonneuses des mers septentrionales où les hommes sont le plus exposés aux ravages du scorbut, et il est éminemment antiscorbutique, il est le correctif le plus puissant des émanations salines aux plages scandinaves. Ses effets sur la santé des marins sont merveilleux, et se résument en quelque sorte dans un fait rapporté par le médecin Bachstrom. Un matelot mourant du scorbut, et abandonné sur les côtes désertes du Groënland, était privé de l'usage de ses pieds et de ses mains, pouvant à peine ramper sur la grève et réduit, pour ne pas mourir de faim, à brouter le Cochléaria qui abondait autour de lui, il se trouva en peu de jours entièrement guéri et rendu à sa rude carrière.

Le Cochléaria doit son nom à la forme en cuiller de ses feuilles radicales.

Insectes des Cochléaria.

COLÉOPTÈRES.

Centorhynchus cochleariæ. Gyll. — V. Bruyère.

Phyllotreta armoriacæ. Linn. — V. Brassica. Suft.

———— cineta. Dej. — Ibid.

Phædon cochleariæ. Fab. — V. Bouleau

5

Coccinella **13**. punctata. Fab. — V. Pin maritime.

LÉPIDOPTERES.

Pieris brassicæ. Fab. — V. Brassica.
Pionea forficalis. Linn. — V. Tamarisc.
Melanthia fluctuaria. B. — V. Poirier.

G. ARMORACIE. Armoracia Flor. Well.

Sépales cymbiformes, égaux. Pétales onguiculés ; six glandules. Etamines à filets filiformes, divergents. Ovaire ellipsoïde.

L'Armoracie n'a pas, comme le Cochléaria, auquel elle a été longtemps réunie , une destination en quelque sorte spéciale et indiquée par une station à peu près exclusive sur les grèves maritimes et septentrionales ; elle est répandue sur la plus grande partie de l Europe , croissant dans les prairies et aux bords des ruisseaux. En harmonie avec cette plus grande diffusion , ses propriétés pharmaceutiques et son utilité sont plus étendues ; elle est vermifuge , diurétique , stimulante ; appliquée fraîche sur la peau , elle y produit l'effet d'un sinapisme. En économie domestique, sa racine est employée, surtout en Bretagne, en Allemagne et en Angleterre , comme assaisonnement , à l'instar de la moutarde, en la râpant et la delayant dans le vinaigre.

Sa vulgarité lui a valu un grand nombre de noms populaires. Indépendamment de celui d'*Armoracia* que lui donnaient les Romains, on l'a nommée Cochléaria de Bretagne, Raifort sauvage, Grand Raifort, Cranson de Bretagne, Cranson rustique, Cran des Anglais, Cran de Bretagne, Moutardelle, Moutarde des Allemands. Moutarde des Capucins. Je me souviens d'en avoir fait autrefois usage en Suisse, où elle assaisonnait le bœuf alternativement avec les poires et les prunes, et sa saveur, agréablement piquante, m'a laissé le regret de ne la voir jamais figurer sur ma table.

Insectes de l'Armoracie.

COLÉOPTÈRE.

Chrysomela armoriaciæ. Linn. — V. Saule. Sur l'*A. officinalis.*

LÉPIDOPTÈRE.

Phalæna prasina. Linn. — Sur l'*A. officinalis.*

G. CAMELINE. CAMELINA. Crantz.

Sépales subnaviculaires, dressés. Pétales brièvement onguiculés ; quatre glandules. Étamines à filets filiformes, inappendiculés. Ovaire ellipsoïde.

La Cameline intéresse l'agriculture ; elle est une de nos
bonnes plantes oléagineuses ; peu difficile sur la qualité du sol ,
ne l'occupant que pendant trois mois, pouvant être semée tard
et remplacer les cultures manquées. Elle produit une huile abondante, très-propre à l'éclairage, siccative, et même pouvant
servir aux fritures quand elle a perdu l'odeur pénétrante d'ail
qu'elle exhale étant fraîche.

Son nom, tiré du grec, signifie Petit Lin, mais devrait
s'écrire Chameline.

Insectes de la Cameline :

COLEOPTERES.

Lytta myagri. Ziegl. — V. Catalpa.

Lixus ascanii. Fab. — V. Spartier.

— myagri. Oliv. — Ibid.

Psyllioides chrysocephalum. Fab. — V. Chou.

G. LEPIDIUM. LEPIDIUM. Latr.

Sépales cymbiformes. Petales quelquefois nuls ; quatre ou six
glandules. Etamines au nombre de six ou de deux filets filiformes.
Ovaire comprimé. Silicule comprimée en sens contraire au
diaphragme.

Les *Lepidium* présentent les qualités bienfaisantes des Crucifères , diversement modifiées et utilisées. Ils étaient employés
comme cosmétique par les anciens, et leur nom exprime les
écailles, les gerçures de la peau qu'ils faisaient disparaître. Le
L. latifolium que nous mangeons en salade, pour stimuler l'appetit
et combattre la sciatique , a été l'un des mille remèdes vainement
préconisés contre l'hydrophobie, d'où son nom français de Pas-

serage ; le *L. ruderale*, Cresson des ruines, guérit les Russes de la
fièvre et chasse les punaises ; le *L. piscidium*, enivre le poisson
et sert aux habitants de l'Océanie à faciliter la pêche ; le *L.
oleraceum*, de la Nouvelle-Zélande, eut l'insigne honneur de
rendre la santé à l'équipage du capitaine Cook, mourant du
scorbut, après une longue traversée. La Providence en fit l'instru
ment de salut dont elle se servit pour seconder ce grand homme
qui, comme Christophe Colomb, découvrait un nouveau monde
et achevait la grande investigation du globe.

Insectes des Lepidium :

COLEOPTÈRE.

Phyllotreta lepidii. Ent. Heft. — V. Brassica.

LÉPIDOPTÈRE.

Agrotis signifera. Linn. — V Bruyère. Sur le *Lepidium* faux
Cochléaria.

G. THLASPI. Thlaspi. Tounef.

Sépales presqu'étalés. Petales longuement onguiculés ; six
glandules. Etamines à filets filiformes. Ovaire comprimé, échancré.
Silicules comprimées en sens contraire au diaphragme, échancrées
au sommet, à deux vulves creusées en carène.

Ces plantes, parmi lesquelles il ne faut pas comprendre les
Thlaspis des jardins, qui sont des Iberis, sont usuelles et participent plus ou moins aux propriétés salutaires des Crucifères. Le
Thlaspi cultivé est le Cresson alénois qui ne le cède qu'au Cresson des fontaines en saveur agréablement piquante et en vertu
stimulante. Le Thlaspi alliacé se recommande comme vermifuge,
et doit plaire aux Gascons par le goût d'ail qu'il donne au lait
des bestiaux qui le broutent. Le Thlaspi des champs se fait remarquer par la forme pleine et arrondie de la silique qui a fait donner
à la plante le nom de Monoyère ; ses graines sont oléagineuses.
Le Thlaspi Bourse à-Pasteur était pour Buerhaave, comme pour
les anciens, un remède presqu'universel que le prestige de ce
nom si justement célèbre n'a pu préserver de l'oubli.

Le nom de Thlaspi fait allusion à la forme comprimée de la graine.

Insectes des Thlaspis :

HÉMIPTÈRES

Aphis Thlaspi. Ch. — V. Cornouiller.

— Isatis. Fons. C. — Ibid. Sur le T. bursa pastoris.

LEPIDOPTÈRES.

Anthocharis cardaminis. Linn. — V. Brassica. Brez.

Tryphæna pronuba. Linn. — V. Hêtre.

TRIBU-

CARCERULEUSES. CARCERULOSÆ. Spach.

Ovaire un quart ovulé. Péricarpe caduc ou persistant, indéhiscent, le plus souvent monosperme.

G. PASTEL. Isatis Ch. Bauhin.

Sépales subnaviculaires, égaux. Petales brièvement onguiculés ; six glandules. Etamines à filets filiformes. Ovaire tétragone. Carcérule spathulé.

Cette plante tinctoriale a eu une destinée si remarquable qu'elle inspire un grand intérêt, même après qu'elle est tombée dans l'obscurité ; c'est une puissance detrônée dont nous retrouvons des souvenirs de gloire jusques dans une haute antiquité. Signalée sous le nom d'Isatis (Feu), par Démocrite, au V.ᵉ siècle avant notre ère, célébrée chez les Celtes sous celui de Wadda (1), elle fournissait une teinture dont se servaient les Gaulois, les Germains, les Pictes, pour se colorer le corps en bleu ; et qui donnait aux femmes le moyen de rendre noire leur chevelure blonde. Plus tard, dans le moyen âge et jusqu'à l'introduction de l'Indigo (2), le Pastel donna lieu à une culture, à un commerce

---

(1) C'est de Wadda que sont dérivés Wouède, Guède, Gueste, Glastum, Glass et, de ce dernier, Vitrum

(2) L'Indigo qui est originaire des Indes orientales était connu en Europe depuis l'antiquité, mais il y était peu employé. Ce n'est que lorsqu'il a été transporté et cultivé en Amérique qu'il est venu supplanter notre Pastel

immenses ; il fut, pour une partie de la France, une source de richesses et d'abondance telles que le pays de Cocagne était celui qui produisait les *coques* formees des feuilles de cette plante. (1)

Mais toute cette prospérité et cette célébrité s'évanouirent par l'introduction de l'Indigo ; rien ne put les préserver du désastre ; *a* peine de mort même, prononcée, en 1609, contre ceux qui emploieraient cette *drogue fausse et pernicieuse*, fut impuissante, et l'agriculture française fut dépossédée de l'une de ses plus précieuses productions. Cette perte est d'autant plus à regretter que la chimie moderne a singulièrement perfectionné la teinture du Pastel et qu'elle l'a égalée à celle de l'Indigo.

Le nom du Pastel, qui dérive de Pasellon en grec, de Pastellum, Pastillum en latin, et qui était déjà français au XI.e siècle, ne désigne pas seulement notre plante tinctoriale, mais encore les crayons qui primitivement en étaient produits, et même les dessins et les peintures qui en proviennent.

Insectes du Pastel :

COLEOPTERE.

Psyllioides chrysocephala. Panz. — V. Chou.

HÉMIPTÈRES.

Aphis Isatidis. Fons. Col. — V. Cornouiller. Sur *l'I. tinctoria* Kaltenb.

FAMILLE.

PAPAVERACEES. Papaveraceæ. Juss.

Calice disépale. Corolle régulière, tétrapétale. Etamines libres. Graines périspermées.

Cette famille est l'une des moins nombreuses du règne végétal. Elle contient à peine 40 espèces ; mais l'une d'elles, celle dont elle a emprunté son nom, a acquis une célébrité qui s'est étendue

---

(1) Particulièrement le Lauragais, aux environs de Toulouse dont une partie des grandes fortunes a pour origine la culture du Pastel.

à tous les temps et à tous les lieux. Le Pavot dont le suc propre est l'Opium, l'une des plus précieuses substances qu'emploie la médecine, est en même temps la boisson la plus attrayante et la plus fatale aux hommes par l'abus qu'ils en font dans la partie orientale de l'ancien monde. L'action énervante qu'elle produit sur les populations, l'usage excessif et la consommation immense qui en sont faites, l'ont mis au nombre des objets de commerce les plus malheureux dans leurs effets. Le gouvernement de la Chine, prétendant sagement en prohiber l'entrée dans ce vaste empire, et l'Angleterre voulant l'y introduire en foulant aux pieds les lois de l'humanité en faveur de ses intérêts matériels, se sont fait une guerre qui fait peser sur la puissance victorieuse une bien grande responsabilité morale.

TRIBU.

PAPAVEREES, Papavereæ. Spach.

Ovaire ordinaire, uniloculaire. Ovules renverses. Péricarpe à placentaires intervalvaires, persistants.

SECTION.

PAPAVERINEES. Papaverineæ. Spach.

Capsule déhiscente au sommet en 3-20 valvules persistantes.

G. PAVOT. Papaver. Linn

Etamines nombreuses, a filets capillaires. Ovaire incomplètement de 5 à 20 loculaires. Ovules amphitropes.

Le Pavot a reçu de la Providence une mission si diversifiée, et ses destinées presentent une progression d'importance telle que, simple herbe des champs, il égaie de ses fleurs la monotone verdure de nos moissons, et que ses sucs épaissis, l'opium, produisent des effets immenses en bien et surtout en mal, énervent les populations, ebranlent les états, déterminent le fléau de la guerre.

Connu depuis la haute antiquité, le Pavot a été signale par

Homère, dans l'Iliade (1) ; il était cultivé dans les jardins de Rome, du temps de Tarquin qui en abattait les têtes les plus élevées pour faire connaître mystérieusement à son fils que, pour s'emparer de Gabies, il fallait en sacrifier les principaux habitants. Virgile le nomme *Papaver vescum*, faisant allusion à l'usage alimentaire que les Romains faisaient de la graine torréfiée pour la bouillie (2), le pain, les gâteaux, usage qui s'est perpétué, surtout en Italie. Ils en faisaient aussi de l'huile, comme nous, sous le nom d'Olietta, diminutif d'Ollium. (3)

Sous le rapport médicinal, le Pavot ou plutôt l'Opium, était usité dès le temps d'Hippocrate, 400 ans avant notre ère, et il est resté en possession d'une réputation qui l'élève au rang le plus élevé des substances salutaires. Employé en menues doses, il est un léger stimulant qui exerce sur tous les organes une heureuse influence, qui guérit un grand nombre d'affections, qui assoupit toutes les douleurs.

L'Opium, le plus précieux des médicaments pour l'Europe, est, pour l'Asie, une liqueur séduisante qui, remplaçant le vin pour les Mahométans, leur procure une ivresse délicieuse, leur cause une exaltation délirante, les plonge dans un ravissement plein de charme ; mais ces effets sont de courte durée. Pour les éprouver de nouveau, il faut revenir à l'Opium, en augmenter progressivement l'usage et le convertir peu à peu en poison meurtrier. C'est pour prévenir ces funestes effets dans ses vastes états, que l'Empereur de la Chine a voulu récemment interdire l'introduction de l'Opium ; mais l'Angleterre avait intérêt à conserver cette

---

(1) Plusieurs savants ont prétendu que le fameux *Nepenthèse* d'Homère n'était autre chose que l'Opium

(2) D'après l'une des étymologies du nom de *Papaver* il vient du mot *papa* qui signifie la bouillie dont on nourrit les enfants et dans laquelle on mettait autrefois de la graine de Pavot. Suivant Ménage, pavot dérive de Peppus, Pappatus, Pavotus. Pappus signifie le duvet des pavots

(3) Le nombre des graines contenues dans chaque capsule est évaluée à 32,000

branche de commerce, afin de pouvoir s'approvisionner de Thé, et c'est ainsi que deux faibles plantes ont porté le trouble dans une partie du globe, et produit les désastres de la guerre.

Insectes des Pavots :

COLÉOPTÈRES.

Cryptorhynchus macula alba. Herbert. — V. Bruyère. Sur les Pavots. Il exerça récemment de grands ravages dans les champs d'œillettes, à Darmstadt. Klingeloffen.

HÉMIPTÈRE.

Aphis papaveris. Fab.—V. Cornouiller. Sur le Pavot des jardins.

DIPTÈRES.

Cecidomyia papaveris. Loew. — V. Saule. La larve se trouve dans les capsules des P. rœhcas et dubium.

Cecidomyia collida. Loew. — Ibid. avec le précédent.

Ulidia demandata Meig.— Cette Muscide se nourrit surtout des sucs fournis par les petites glandes pédicellées des sommités tendres des végétaux, et se complait aussi dans la société des pucerons du Pavot oriental. M. L. Dufour a fréquemment vu ce parasite lécher avec ses grosses lèvres, les produits qui exsudaient des plaies faites par le bec des aphidiens. Dans son allure grave et compassée, elle meut ses pattes antérieures à la manière de balanciers, comme pour palper et tâtonner au loin devant elle. Elle a pour parasite le Diplolepis papaveris. Perris. La larve détermine la galle du Pavot douteux; le Cyrtosoma (Cynips) papaveris. Perris, Parasite du Diplolepis, et le Cynips papaveris. Perris, également parasite du même.

Phytomyza geniculata. Macq. — V. Houx. La larve mine les feuilles du Pavot des jardins. Goureau.

G ARGEMONE. Argemone. Linn.

Trois sépales. Six petales éphémères. Etamines nombreuses, à filets filiformes. Ovaire uniloculaire. Ovules anatropes.

L'Argémone, Pavot épineux, Chardon benit des Américains,

est naturalisée en Europe comme plante d'agrément ; mais elle jouit au Brésil de la réputation d'être un excellent antidote contre la morsure des serpents. Aux Antilles , ses graines sont employées comme purgatif. Egalement indigène ou transplantée aux Indes , elle est employée par les médecins Indous contre l'ophthalmie et les maladies cutanées.

Insectes de l'Argémone :

COLEOPTERE.

Tæniotes farinosus. Fab. — Ce Cérambycin vit sur une Argémone du Mexique. Brez.

SECTION.

CHELIDONINEES. Chelidonineæ. Spach.

Silique déhiscente, en deux à quatre valves caduques. Placentaires nerviformes.

G. GLAUCIUM. Glaucium. Tourn.

Etamines de douze à trente , à filets capillaires. Ovaire uniloculaire. Ovules amphitropes.

Connu sous le nom vulgaire de Pavot cornu , le Glaucium, ainsi que son nom et la couleur de son feuillage l'indiquent , croît sur les grèves maritimes ; mais on le trouve aussi dans les sols rocailleux et même sur les murs. Le suc de cette plante est utilisé par l'art vétérinaire pour la cauterisation des ulcères.

Insectes des Glaucium :

HÉMIPTÈRE.

Cephalocteus histéreoides. — M. Mariani , de Sens , a trouvé cet Hétéroptère enfoncé dans le sable , au bord de la mer, dans un endroit où abonde le Glaucium luteum.

G. CHELIDOINE. Chelidonium. Cl. Bauch

Sépales colorés. Pétales fugaces. Etamines de vingt a trente, à filets filiformes , spatulés. Ovaire uniloculaire. Ovules anatropes.

La Chélidoine a une histoire curieuse et remarquable par la diversite des propriétés qui lui ont été attribuées et des usages auxquels elle a été successivement employée depuis l'antiquité jusqu'à nos jours. Son nom, qui dérive du nom grec de l'Hirondelle, est interprété de deux manières : il a été donné à la Chélidoine parce qu'elle commence à fleurir à l'arrivée de cet oiseau et qu'elle cesse à son départ, ou bien parce que les Hirondelles se servent de cette plante pour guérir la cécité de leurs petits , assertion qui a été longuement commentée par Aristote. Dès la même époque, le suc amer et âcre en était employé contre les ophthalmies et plusieurs autres maladies ; il est resté longtemps en possession de la confiance publique , et son nom français d'Éclaire provient de l'effet qu'on lui attribuait sur la vue. Lors de l'invasion de l'alchimie , le nom de la Chélidoine a été traduit en celui de Cœli donum, et la plante , réduite en quintessence , a été exaltée dans les plus brillantes rêveries. Plus tard , l'abondance de la sève de cette plante l'a fait appliquer à la teinture en jaune , mais l'emploi en a été de courte durée. De nos jours, c'est sur la Chélidoine et sur son suc, ou *latex*, orangé, que l'on a fréquemment étudié les mouvements circulatoires que M. Schultz a décrits comme s'opérant constamment dans les vaisseaux laticifères des plantes, mouvements qu'il a regardés comme constituant une véritable circulation. On sait que l'existence de cette circulation a été niée récemment par des observateurs du plus grand mérite, notamment par M. Hugo Mohl. Enfin, de toutes les propriétés qui ont été attribuées à la Chélidoine , la seule qui lui soit restée se réduit à extirper les verrues , ou bien, dans l'art vétérinaire, à cautériser les ulcères.

Insectes des Chélidoines :

HÉMIPTÈRE.

Aleurodes chelidonii. Lat. — Ce petit Homoptère se tient sous les feuilles. La ponte ne paraît pas excéder treize à quatorze œufs, et cependant, par de nombreuses générations, ces insectes peuvent produire 200,000 individus d'une seule femelle , les générations se succédant de quinze en quinze jours pendant la belle saison.

LEPIDOPTERE.

Tinea proletella. Linn. — V. Tinea.

FAMILLE.

RESÉDACEES. Resedaceæ. De Cand.

Pétales déchiquetés. Ovaire uniloculaire , ouvert au sommet. Périsperme mince.

Cette petite famille, formée du seul genre Réséda , de Linnée, qui a été divisé en plusieurs autres, se singularise par les anomalies que présentent les différentes parties de la fructification.

SECTION.

RÉSÉDINEES. Resedineæ. Spach.

Pistil à ovaire de trois à six styles. Placentaires suturaux. Pericarpe polysperme, évalve.

G. RESEDA. Reseda. Linn.

Calice divisé en six ou sept parties. Sepales réfléchis ou divariqués, inegaux. Six ou sept pétales très inégaux, arrondis, concaves. Disque cupuliforme. Étamines de seize à vingt-quatre.

Ces plantes présentent des qualités utiles, agréables, singulières et intéressantes qui les recommandent à tout le monde. Leur utilité se manifeste dans le Réséda tinctorial , la Gaude , dont les Celtes et les Gaulois se servaient déjà , qui, dans le moyen-âge, s'appelait l'*Herbe aux Juifs,* parce qu'il servait à teindre la toque de ces malheureux réprouvés , et qui est encore l'*Herbe à jaunir,* cultivée et employée dans la teinture.

Comme plante agréable, le Réséda odorant. originaire d'Egypte, a sa place dans les parterres et les bouquets, pour le parfum doux et suave de ses fleurs , qui , comme celui de la Violette, décèle souvent la présence de l'humble plante ; quoique dénuée de beauté, les Anglais lui ont donné le nom de Migonnette. Quant à son nom propre, il dérive, suivant Pline, de *sedare ,* parce que le Réseda était employé à apaiser les inflammations.

La singularité observée dans ces plantes consiste dans la confor-

mation des fleurs , qui s'écartent tellement d'un état normal ,
qu'elles ont donné lieu aux explications les plus différentes de
chacune de leurs parties. MM. Auguste Saint-Hilaire et Lindley
les ont surtout interprétées de la manière la plus savante. Suivant
le premier, la fleur se composerait : 1.º d'un calice ; 2.º d'un
verticille de pétales alternes avec le calice ; 3.º d'un second verticille de pétales opposés aux premiers et soudés avec eux; 4 ºd'un
verticille d'écailles nectariennes alternes avec le double verticille
de pétales; 5.º du verticille des etamines ; 6.º du pistil.
M. Lindley, dans la première édition de son système naturel de
Botanique , considérait le calice comme un involucre , les pétales
comme des fleurs mâles avortées , et le disque comme le calice
d'une fleur centrale hermaphrodite.

A toutes ces singularités le Réséda tinctorial joint l'intérêt avec
lequel nous voyons sa grappe de fleurs suivre exactement le cours
journalier du soleil , c'est-à-dire qu'elle s'incline vers l'est le
matin, vers le sud à midi, vers l'ouest l'après-midi et vers le nord
la nuit. C'est Linnee qui le premier fit cette observation d'autant
plus curieuse que ces mouvements s'opèrent même par un temps
couvert et pluvieux.

Insectes du Réséda.

HEMIPTERES.

Rhyparochromus resedæ. Perris. — Cette Géocorise vit sur le
R. odorant.

Celeothrips fasciata. Linn. — Ibid.

Melanothrips obesa. Hel. — Ibid.

LÉPIDOPTÈRE.

Pieris daplidice. Linn. — V. Brassica. La chenille se trouve
ur le R. lutea.

CLASSE.

HYDROPELTIDEES. HYDROPELTIDEÆ. Bartl.

Pétales et étamines hypogynes ou périgynes , insérées à un

disque. Granes périspermées. Embryon basilaire, recouvert d'une enveloppe particulière qui le fait paraître monocotylédone.

FAMILLE.

NYMPHÉACEES. Nympheaceæ. Salisb.

Ovaires disjoints, biovulés logés dans les fovéoles d'un gros réceptacle tronqué au sommet.

G. NYMPHEA. Nymphæa. Linn.

Calice quatre-parti, inadhérent. Disque charnu, adné à toute la surface de l'ovaire. Pétales minces, inonguiculés, périgynes.

Cette classe comprend les familles des Nymphéacées et des Nélombacées, dont les fleurs ont une beauté célèbre qui fait le plus bel ornement des eaux. Admirables par leur grandeur, leur forme, leurs couleurs, ces fleurs ne le cèdent en somptuosité ni à la Rose, ni au Lis, auxquels on les compare (1), et, quelquefois, elles les dépassent incomparablement.

Dans leur magnificence progressive, nous admirons successivement notre Nymphea blanc, l'Azuré qui fait l'ornement du Nil, l'Euryale des lacs du Bengale et de la Chine, si remarquable par la rare structure de ses fleurs et l'ampleur de ses feuilles ; le Nélombium de l'Inde, dont rien n'égalait la grandeur et la beauté avant la découverte du *Victoria regia*, par le célèbre Haenke, sur les lacs voisins du Rio-Manoré de l'Amérique méridionale. La fleur de cette plante gigantesque a quatre pieds de circonférence. Exhalant une odeur suave, elle est, quand elle s'ouvre, d'un blanc pur qui devient rose et puis d'un rouge vif. La feuille atteint l'énorme dimension de dix-huit pieds de circonférence ; sa surface ronde se relève sur les bords et offre assez de solidité pour supporter le poids d'un enfant.

La célébrité des Nymphéacées remonte à une haute antiquité. Le Nélombium surtout dut à la beauté de ses fleurs l'honneur d'être consacré aux divinités les plus révérées des peuples de

---

(1) Les noms vulgaires du Nymphéa blanc sont la Rose d'eau, le Lys des étangs

l'Inde et même de l'Egypte ; car on ne saurait méconnaître son identité avec le Lotus sacré des Egyptiens, d'après la forme particulière du fruit qui est représenté dans les hiéroglyphes. A la vérité, il ne croît plus dans ce pays, et l'on considère à tort comme le Lotus un Nymphea à fleurs roses , commun dans le Nil, mais dont le fruit ne ressemble pas à celui consacré à Isis et à Osiris. Il faut admettre que le Nelombium y existait autrefois, du moins à l'état cultivé.

Les Nymphéacées se recommandent encore par les propriétés alimentaires de leurs tubercules , qui contiennent une grande quantité de fécule. Les peuples de l'Asie équatoriale en font un grand usage , ainsi que les Egyptiens. Elles ont aussi des qualités médicinales et ont été souvent employées en faveur de la chasteté.

Nous rapportons au *N. alba* les insectes qui ont été observés sur les Nénuphars sans indication d'espèce et qui vivent probablement aussi sur le *N. lutea*.

COLÉOPTERES.

Ceutorhynchus punctum album. L. — V. Bruyère.

Donacia nymphœæ. Fal. — V. Potamogeton.

Donacia crassipes. Fab. — V. Sagittaria. M. Aubé a observé sous les radicules du *N. lutea*, des cocons assez petits et dans lesquels il a trouvé l'insecte parfait qui se nourrit des feuilles.

Galeruca nymphœæ. Fab. — V. Viorne-Obier. La larve se nourrit des feuilles du *N. alba*. Perris.

HÉMIPTERES.

Jassus cebasphedus. Am. — Cet Hémiptère vit sur les feuilles.

Aphis nymphœæ. Fab. — V. Cornouiller.

— aquatilis. Linn. — Ibid.

LÉPIDOPTÈRES.

Hydrocampa nymphœalis. Tr. — V. Potamogeton.

Hydrocampa potamogalis. Tr. — Les chenilles vivent et se transforment sous l'eau sans y être asphyxiées , les unes étant pourvues de filets membraneux qui sont des espèces de branchies à l'aide desquelles elles respirent comme les larves des Ephémères; les autres, parce qu'elles sont logees dans des tuyaux qu'elles se fabriquent en sortant de l'œuf. Ces chenilles se nourrissent du parenchyme des feuilles submergées des *Nymphæa*, et leurs papillons ne s'éloignent jamais de l'endroit où ils sont nés. Dup.

CLASSE.

PEPONIFERES. Peponiferæ Bartl.

Pétales insérés à la gorge du calice. Ovaire symétrique, uniloculaire. Placentaires pariétaux.

Cette classe , dont le nom est emprunté des Courges et des Melons, contient un assez grand nombre de familles (1) quelquefois très différentes les unes des autres en apparence , mais réunies par des caractères fondamentaux qui révèlent souvent leurs affinités les plus cachées.

Nous avons dû nous occuper des Grossulariées dans notre ouvrage sur les arbres et arbrisseaux. Dans celui-ci nous n'avons a traiter que des Cucurbitacées, sur lesquelles , du reste , on n'a observé qu'un petit nombre d'insectes.

FAMILLE.

CUCURBITACEES. Cucurbitaceæ. Juss.

Fleurs monoïques ou dioïques. Corolle à cinq pétales souvent connés. Cinq étamines. Anthères très-longues , flexueuses. Ovaire adhérent. Placentaires de trois à cinq.

---

(1) Les Nopalées , les Grossulariées, les Cucurbitacees , les Loasées , les Turneracées, les Passiflorees, les Homalinées et les Samydées

CUCURBITÉES. Cucurbiteæ. De Cand.

Fleurs monoïques. Anthères souvent syngenèses. Bourses flexueuses.

Cette famille nous paraît très naturelle quand nous la considérons dans ses principaux genres, les Lagénaires, les Courges, les Melons, les Pastèques, qui, dans leurs nombreuses espèces et variétés, nous offrent tous une pulpe succulente propre à notre alimentation et à celle de nos bestiaux, quelquefois délicieuse par son parfum et sa saveur. Il n'en est pas de même quand nous rencontrons la Coloquinte, le Momordique, la Bryone, aux sucs amers, âcres, vénéneux. Il nous semble impossible que de tels contrastes puissent appartenir à la même famille, et cependant, ils ne sont dus qu'au degré d'intensité des sucs propres de ces plantes et à la présence de quelques principes accessoires tels que le sucre, dans leur composition chimique.

La connaissance des Cucurbitacées date d'une haute antiquité, d'où elle est descendue d'âge en âge jusqu'à nous. Les Courges étaient cultivées par les antiques Égyptiens, qui en nourrissaient les Hébreux pendant leur captivité. L'Écriture Sainte fait mention du Concombre des prophètes, dont se nourrissent encore les Arabes.

G. COURGE. Cucurbita. Linn.

Fleurs monoïques. Mâles : calice campanulé, à cinq lobes. Disque triangulaire. Trois étamines monadelphes. Anthères syngenèses. Femelles : calice à cinq parties. Corolle comme celle des mâles. Disque cupuliforme.

Ce genre, qui contient le plus grand nombre de Curcubitacées, est en même temps le plus utile par les produits qu'en obtiennent l'agriculture et la culture maraichère. A la vérité il ne comprend pas le Melon, l'honneur du jardin potager, mais les nombreuses variétés de Pepons, de Citrouilles, de Giraumons, de Patissons,

de Potirons qui, cultivées en grand dans une partie du midi et
de l'intérieur de la France, entrent utilement dans l'assolement
des terres et donnent les produits les plus abondants pour la nourriture des bestiaux et en même temps pour celle des cultivateurs.
Le Potiron surtout, par ses qualités supérieures et par sa mon-
strueuse grosseur, qui peut atteindre le poids de 200 kilogr., est
l'objet d'une consommation considérable même à la ville, où l'art
culinaire sait en faire des mets délicats, tandis qu'à la campagne
on l'appelle le pain des pauvres.

Parmi les variétés que présentent les Courges, plusieurs se font
remarquer par des formes singulières, élégantes, fantastiques,
dont quelques-unes ont été utilisées. Nous y voyons l'Artichaud, le
Turban, la Couronne impériale, la Gourde du pèlerin, la Trompette
qui fait danser les nègres. La Courge s'allonge quelquefois en
replis tortueux qui imitent le serpent d'une manière effrayante.

Insectes des Courges :

DIPTERE.

Trichocera annulata. Perr. — Les larves de cette Tipulaire
vivent en société dans les Courges pourries, ainsi que dans les
Agarics. Elles ont les stigmates défendus par les lobes du dernier
segment. Perris.

G. CUCUMIS. Crcumis. Linn

Fleurs monoïques. Mâles : calice turbiné, à cinq lobes. Disque
triangulaire. Trois étamines à filets courts, libres. Femelles :
calice urcéolé, à cinq lobes. Corolle comme celle des mâles. Disque
cupuliforme.

Ce genre a pour type le Melon, ce fruit délicieux, au parfum
suave, à la chair fondante, sucrée, rafraîchissante, qui, originaire
de l'Asie équatoriale, fut importé dans la Grèce et appelé Mélo-
pepon, pour exprimer la douce saveur (1) de cette espèce de

---

(1) Nous adoptons l'opinion qui fait dériver Melo, Melon, par abréviation de
Melopepon, contrairement à celle de Ménage, qui le fait dériver de Melone, grosse
pomme

Courge. Plus tard, à Rome, Tibère cultivait le Melon sous des châssis (Pline) comme nous le faisons au nord de la France. Ils furent mentionnés, décrits, chantés par Pline, Varon, Columelle, Horace, Martial. Virgile décrivit le Concombre dans ses Géorgiques :

> Tortuusque per herbam
> Crescerit in ventrem Cucumis

Ensuite, tous les médecins du Bas-Empire et du moyen-âge attribuèrent aux Courges et aux Concombres un grand nombre de vertus que les modernes ont réduites presqu'à zéro.

Répandus maintenant sur la plus grande partie du globe, admirablement cultivés à Paris, diversifiés en nombreuses variétés, nous savourons les Melons de Honfleur, de Malte, de Perse, les Sucrins, les Prescott et surtout les Cantaloups, qui, apportés d'Arménie à Rome et cultivés dans la maison de plaisance des papes, à Cantalupo, furent introduits en France par Charles VIII.

Insectes des Cucumis :

DIPTÈRE.

Phytomyza cucumidis. Macq. — V. Houx. J'ai observé les larves minant les feuilles des Melons et y vivant en société.

G. MOMORDIQUE. Momordica. Linn.

Fleurs monoïques. Mâles : calice quinquefide. Cinq étamines Femelles : ovaire triloculaire, multiovulé, rétréci au sommet.

Ce genre, tel que l'avait formé Linnée, et dont le nom fait allusion à la forme pour ainsi dire rongée et mordue des graines, comprend deux espèces principales qui ont eu une brillante réputation de vertus médicales fondées sur l'énergie brûlante du suc de leurs fruits, que l'on pouvait également traduire en poisons. La Momordique élatérine, connue dans le midi sous le nom de Concombre sauvage ou aquatique, était considérée chez les anciens comme douée d'une multitude de qualités salutaires que Pline a longuement énumérées, mais dont il ne reste que la propriété purgative.

La *M. Balsamine*, originaire de l'Inde, donne pour fruit la Pomme de merveille, qui l'a rendue non moins célèbre que la première et qui n'a pu la préserver également de l'oubli, si ce n'est comme plante d'agrément. Nous aimons encore à voir ce simulacre de Pomme d'Api, vivement coloré comme elle, s'ouvrant, à sa maturité, en trois valves, comme sous l'impulsion d'un ressort, et lançant ses semences.

Insectes des Momordiques :

COLÉOPTÈRES.

Epilachna argus. Fouri. — Ce Trimère vit sur le *M. elaterium*.
————— chrysomelina. Fab. — Il vit sur la même plante dans l'état de larve et d'insecte parfait.

. G. BRYONE. Bryonia. Linn.

Fleurs monoïques ou dioïques. Calice cupuliforme, à cinq dents. Corolle rosacée. Fleurs mâles : trois à cinq étamines libres. Anthères inappendiculées. Femelles : ovaire globuleux, triloculaire.

Cette plante vivace, dont le nom grec, Bruon, fait allusion a sa végétation puissante, à qui la forme de ses feuilles, ses vrilles, ses sarments, ont valu le nom vulgaire de Vigne blanche, qui doit à sa nature rampante et tortueuse celui de Couleuvrée, et celui de Navet du Diable à sa grosse racine blanche et virulente, la Bryone présente à l'art de guérir des sucs d'autant plus salutaires qu'ils peuvent être plus dangereux. Sa racine produit les mêmes effets que le Jalap, le Séné et l'Ipecacuanha. Cependant, comme il est facile de lui enlever l'âcreté de ses sucs, et qu'elle contient une grande quantité de fécule, on la compare alors à l'Arum, au Manioc, et elle devient substance alimentaire. Les anciens Romains, du temps de Dioscoride, mangeaient les jeunes pousses de la Bryone comme celles de l'Asperge.

Les insectes des Bryones sont en partie les mêmes que ceux des Momordiques.

COLÉOPTÈRES.

Epilachna argus. Fourc. — V. Momordica. La larve vit des feuilles de la *B. dioica*. Perr.

———————— chrysomelina. Fab. — Ibid. Il vit sur les feuilles de la *B. dioica* dans l'état de larve et d'insecte parfait.

DIPTÈRES.

Cecidomyia bryoniæ. Bouché. — V. Groseiller. Sur la *B. alba*. Winn.

Tephritis Wiedemannii. Meig. —V. Berberis.

CLASSE.

CISTIFLORES. Cistiflorae. Bartl.

Pétales et etamines hypogynes. Pistil symetrique. Placentaires pariétaux, prolongés, quelquefois en cloisons adnées à l'axe central

Des familles qui composent cette classe (1) , nous avons déjà fait connaître les Tamariscinées et les Cistinées. Nous allons nous occuper des Violariées. Quant aux autres , elles ne présentent , à très-peu d'exceptions près , que des plantes exotiques , peu cultivées dans nos serres. L'espèce la plus remarquable est la Dionée Attrape Mouche, de la famille des Droséracées , et qui se lie à l'entomologie par le curieux phénomène qu'offrent ses feuilles. Au moindre attouchement, les deux moitiés , écartées l'une de l'autre , dans l'état naturel de la plante , rapprochent brusquement leurs bords et les cils raides dont ils sont bordés s'entrecroisent ; c'est ainsi que les insectes, qui viennent sucer la liqueur distillée par les glandes , se trouvent renfermés à l'instant comme dans une cage. Les lobes de la feuille ne se rouvrent que lorsqu'épuisé de fatigue ou privé de vie, l'insecte cesse de se débattre. Spach.

FAMILLE.

VIOLARIÉES. Violariee Ging. De C.

---

(1) Les Tamariscinees , le Droséracées , les Violariées, les Cistinées, les Bixinées, les Marcgraviacees , les Flacourtianées

Pétales et étamines au nombre de cinq. Style indivisé. Capsule trivalve.

Cette famille, qui doit son nom à la Violette, contient un assez grand nombre de plantes, la plupart exotiques, dont les fleurs sont généralement belles, et dont les racines ont des propriétés émétiques plus ou moins prononcées.

G. VIOLETTE. VIOLA. Linn.

Cinq sépales inégaux, appendiculés à la base. Pétales dissemblables, les deux supérieurs réfléchis ou redressés.

Ce genre, par une singularité remarquable, comprend la Violette et la Pensée, qui présentent un contraste frappant entr'elles : l'une parle à l'âme ; l'autre à l'esprit : l'une charme tous les cœurs par sa simplicité, sa pureté, sa modestie, son humilité, elle ne révèle sa présence qu'en répandant la suavité de son délicieux parfum ; l'autre, fière de sa piquante beauté, recherche l'éclat de la lumière, se tourne vers l'astre du jour, et brille à tous les yeux.

De ces deux plantes, celle qui est le symbole des douces vertus jouit depuis l'antiquité de la plus grande faveur. Elle était la fleur favorite des Athéniens, qui retrouvaient dans son nom leur origine Ionienne, et dont ils faisaient remonter la généalogie jusqu'à la nymphe Io, qui en avait fait sa première nourriture après sa métamorphose. Constamment louée, chantée, exaltée par la poésie (1), elle ne cesse pas d'être la fleur du sentiment.

_____

(1) Voici les vers faits en son honneur par Ange Potition au 15.ᵉ siècle

    Molles o Violæ, veneris manuscula nostræ,
    Dulce quibus tanti pignus amoris inest ;
    Quæ vos, quæ genuit tellus ? quo nectare adoras
    Sparserunt Zephiri molles et aura comas ?

Dans une idylle de Mme. Beaufort d'Hautpoul, la Violette figure ainsi qu'il suit

    O fille du printemps, douce et touchante image
    D'un cœur modeste et vertueux,
    Du sein de ces gazons tu remplis ce bocage
    De tes parfums délicieux.
    Que j'aime à te chercher sous l'épaisse verdure
    Où tu crois fuir mes regards et le jour.
    Au pied d'un chêne vert qu'arrose une onde pure

La Violette ne se borne pas à nous offrir le symbole des modestes vertus , elle nous en prodigue d'autres que recèlent ses fleurs , ses semences, ses feuilles , ses racines. Qui n'a éprouvé l'effet pectoral , adoucissant, du sirop de Violettes?

Si nous recherchons l'étymologie de cette plante , nous trouvons facilement que Violette vient de *Viola* , son nom latin. Mais d'où les Romains l'avaient-ils tiré ? Ce n'était ni du grec ni de l'arabe (1).

Quant à la Pensée, son nom dérive, selon Sylvius , de *Pensata.* Pensée , *pro sententia et mente , ac etiam Viola autumnalis , a pensata*. Suivant Ménage , il dérive de *Pansata* , de *pando* , dans le sens d'*expando* , parce que la fleur est fort épanouie.

Insectes des Violettes :

LEPIDOPTERES.

Argynnis Dia. Linn. B. — V. Citronnier.
———— aglaria. L. B. — V. Ibid.
———— adippe. L. Sur la V. odorata et tricolor. Br. —
V. Ibid.
———— paphia. L. Sur la V. canina. Br. — V. Ibid.
——— euphrosine. Sur la V. montana. — V. Ibid.
———— niobe. L. Sur. La V. tricolore. — V. Ibid.
Adela violella. W. W. — V. Saule.

FAMILLE.

CISTACEES. Cistaceæ. Lindl.
Etamines en nombre indéfini. Graines nues.

L'air embaumé m'annonce ton séjour
Mais ne redoute pas cette main généreuse
Sans te cueillir , j'admire ta fraîcheur,
Je ne voudrais pas être heureuse
Aux dépens même d'une fleur.

(1) Le nom arabe de la Violette est Seneffigi , Sonofrig ou Benefefegi

CISTÉES. Cistreæ. Spach.

Sépales de trois à cinq. Réceptacle presque plane. Disque cupuliforme. Cinq pétales caducs, insérés sous le disque. Etamines insérés sous le disque.

SECTION.

CISTINEES. Cistineæ. Spach.

Etamines toutes anthérifères. Filets jamais moniliformes. Ovules ordinairement dressés.

G. HELIANTHÈME. Helianthemum. Tourn.

Cinq sépales ; les deux extérieurs petits. Cinq pétales. Sept à vingt étamines et souvent plus. Filets capillaires. Anthères didymes. Ovaire uniloculaire ou incomplètement triloculaire

· Places sur l'extrême limite des plantes herbacées et ligneuses, les Hélianthèmes, comme le Serpolet, avec lequel on confond quelquefois l'espèce commune quand elle n'est pas fleurie, croissent dans les terrains secs et pierreux, au bord abrupte des sentiers, sur la lisière des bois. Généralement stationnée dans la région Méditerranéenne, une des espèces s'avance jusqu'à la forêt de Fontainebleau, où nous avons cueilli avec plaisir les jolies ombelles de ses fleurs. Plus communs, mais dépaysés, dans nos jardins, ils y fleurissent abondamment depuis le mois de mai jusqu'en septembre, méritant, par l'éclat de leurs corolles, leur nom vulgaire d'Herbe d'or, et leur ancien nom de *Flos solis*, qui a été traduit en grec par le savant botaniste Cordus, ami de Conrad Gessner, qui en publia un des principaux ouvrages après sa mort prématurée.

Insectes des Hélianthèmes :

COLÉOPTERES.

Apion rugicolle. Fab. — V. Tamarisc. Il dépose ses œufs dans les boutons de la fleur de l'*H. alyssoïdes*. La larve ronge les étamines et l'ovaire. Lorsque ces organes sont consommés, la larve est devenue adulte (en juin), et elle se transforme dans la fleur même qui, ne s'ouvrant pas, lui forme une coque. Perris.

Apion aciculare. Fab. — V. Tamarisc. Il vit sur l'H. vulgare Aubé.

— chevrolatii. — V. Ibid. La larve vit dans l'intérieur des tiges de l'*H. guttatum.* Perr.

Tychius asperatus. Dej. — V. Spartier. La larve se nourrit des capsules de l'H. guttatum. Lorsque la capsule s'ouvre, l'insecte tombe à terre, s'y enfonce et y subit sa métamorphose. Perr.

Tychius saturalis. — V. Ibid.

Nanophyes flavidus. — V. Ibid. M. Aubé croit qu'il vit sur l'*H. vulgare.*

Altica oleracea. Linn. — V. (variété à petite taille). La larve vit sur les feuilles de l'*H. guttatum.* Perr.

HEMIPTERES.

Pentatoma helianthemi. Per. — V. Genévrier.

Rhyparochromus contractus. Perr. — Cet Hétéroptère vit sur les Hélianthèmes.

———————— arenarius. — V. Ibid.

———————— varius. — V. Ibid.

Tingis strichnocera. Perr. — V. Poirier.

Anomaloptera helianthemi. Perr. — Ce Corticicole vit sur l'*H. vulgare.*

CLASSE.

GUTTIFÈRES. Guttiferæ. Bartl.

Sépales imbriqués. Pétales hypogynes. Ovaires trois à cinq, connés. Placentaires multiovulés, adnés aux bords rentrants des valves.

Cette classe, composée d'un petit nombre de familles, (1) doit son nom à la sécrétion des sucs propres résineux qui, dans plusieurs espèces, constituent la gomme-gutte. Elle comprend particulièrement les Hypéricinées qui sont le plus souvent des plantes herbacées, propres à l'Europe. Les autres familles appar-

---

(1) Les Garciniées, les Hypéricinées, les Frankéniacées et les Sauvagésiées.

tiennent géneralement à la zône tropicale, et présentent des arbres quelquefois très-remarquables, tels que les Clusia des Antilles, parasites d'autres arbres, et le Tacamahaca de l'Inde, qui sécrète une gomme aromatique, connue dans nos officines, et dont toutes les parties de la végétation sont utilisées par les Hindous.

FAMILLE.

HYPÉRICINÉES. Hypericineæ. De Cand.

Etamines en nombre indéfini. Anthères incombantes. Styles styliformes.

TRIBU.

HYPÉRICEES. Hypericeæ. Spach.

Petales ordinairement inéquilatéraux. Etamines libres, ou a peine monadelphes par la base. Glandes hypogynes nulles. Péricarpe capsulaire.

SECTION.

HYPERINEES. Hyperineæ. Spach.

Sépales, cinq. Pétales, cinq, persistants. Etamines triadelphes. Ovaire triloculaire.

G. MILLEPERTUIS. Hypericum. Linn.

Sépales presqu'égaux ou inégaux. Pétales lancéolés. Anthères cordiformes, glandulifères. Ovaire triloculaire.

Les Millepertuis se font remarquer à l'élégance de leurs fleurs, aux nombreuses étamines groupées en légers panaches. Ils se distinguent par les globules gommo-résineux, souvent transparents, qui occupent le parenchyme des feuilles et auxquels ils doivent leur nom par l'apparence d'ouvertures que donne cette translucidité. Ils ont joui long-temps d'une grande réputation de vertus médicinales qui s'étendaient à tous nos maux physiques, et même au-delà, si nous en jugeons par le nom de *Fuga dæmonum* qui leur était donné; celui de Toute-Saine, que porte l'un d'eux, indique les nombreuses qualités qui lui étaient attribuées.

De toutes ces vertus vantées, depuis Théophraste jusqu'à nos jours, il n'est resté qu'une action légèrement stimulante qui mérite à peine d'être mentionnée.

Insectes des Millepertuis :

COLÉOPTÈRES.

Agrilus hyperici. Creutz. — V. Vigne.

Cryptocephalus moræi. Linn. — V. Cornouiller. Sur les *Hypericum perforatum , montanum , hirsutum , quadrangulare.* Suff.

Chrysomela varians. Fab. — V. Saule. Sur les Hyp. *perforatum , quadrangulare,* etc. , Suff.

———— subserialis. Suff. — V. Ibid. Sur l'*H. perforatum.*

———— fucata. Fab. — V. Ibid. Rosenhauer a trouvé l'insecte parfait et la larve sur l'*H. perforatum.*

Chrysomela didymata. Scriba. — V. Ibid. Sur les *Hypericum.* Suff.

———— hæmoptera. Fab. — V. Ibid. Brez.

HÉMIPTÈRE.

Coccus hyperici. Linn. — V. Tamarisc.

LÉPIDOPTÈRES.

Cloantha perspicillaris. Linn. — V. Prunier. La chenille vit sur l'H. *perforatum.* Freyer.

Cloantha hyperici. Fab, — V. Ibid.

Anaitis plagiaria. B. — V. Pin sylvestre. Sur les *Hypericum.*

Xanthosetia strigana. H.—V. Chêne. Sur l'*H. quadrangulata.* Br.

Grapholitha hypericana. Hubn. — V. Ajonc. Sur les *Hypericum.*

Hœmilis hypericella. Hubn. — V. Alstroemère.

Adela violella. WW. — V. Saule. Elle vole en petits essaims autour des fleurs des H. *perforatum* et *quadrangulare*, en Allemagne et au midi de la France.

DIPTÈRES.

Cecidomyia hyperici. Gen. — V. Groseiller. La larve se developpe dans des bourses dont elle cause la formation sur les feuilles de l'H. *perforatum*. Brémi.

Cecidomyia serotina. Loew. — V. Ibid. Dans des bourses semblables , sur les feuilles de l'*H. humifusum*.

CLASSE.

CARYOPHYLLINEES. Caryophyllineæ. Bartl.

Etamines hypogynes ou périgynes, en nombre défini. Ovaire indivisé. Placentaires centraux. Périsperme ordinairement farineux.

Cette classe, dont le nom dérive du nom grec de l'OEillet, se divise en familles assez nombreuses (1) et bien diversifiées entre elles. Ses caractères essentiels semblent perdre leur importance quand on les voit appartenir à des groupes aussi disparates en apparence que les Silénées et les Chénopodées, les Alsinées et les Amaranthacées. Parmi les caractères secondaires qui distinguent ces familles , le plus important est la présence ou l'absence de la corolle. De cette différence dépend ordinairement la beauté des fleurs, excepté cependant chez les Amarantes dont nous admirons les superbes crêtes de coq qui doivent leur éclat aux calices.

Cependant, si les Caryophyllees pourvues de corolles sont généralement agréables et si elles sont en grand nombre cultivées dans nos jardins, celles qui en sont dénuées se rendent souvent utiles par leurs propriétés comme plantes potagères, fourragères, médicinales , industrielles ; elles nous fournissent la soude ; nous leur devions autrefois la Cochenille du Scléranthe, supplantée par celle du Nopal ; nous leur devons maintenant le sucre de la Betterave, identique avec celui de la Canne.

FAMILLE.

SILENEES. Sileneæ. De Cand.

Calice tubuleux. Quatre ou cinq denté. Receptacle tantôt columnaire, tantôt court Pétales hypogynes. Ovaire multiovule.

(1) Les Silenées , Alsinées, Portulacées , Paronychiées, Scleranthees , Phytolacées , Amaranthacees , Chénopodees.

Cette famille qui comprend particulièrement les Œillets, les Saponaires, les Lychnides et les Silènes, appartient en grande partie à l'Europe où nous trouvons ces plantes dans les bois, les prairies, au bord des eaux. Comme elles sont généralement jolies, elles ont été en assez grand nombre transportées dans les jardins dont elles contribuent à orner les parterres. Quelques-unes exhalent les parfums les plus suaves.

Quoique les différents genres qui composent cette famille soient très-distincts entre eux, ils se rapprochent par une affinité que reconnaissent non-seulement les botanistes, mais même les insectes ; car nous voyons plusieurs races des Cassides, des Dian-thœcies, vivre indifféremment sur les uns et les autres.

G. OEILLET. Dianthus (1) Linn.

Calice tubuleux, 5 denté, muni à sa base de 2 à 20 bractees squamiformes, imbriquées. Pétales à cinq onglets planes, presque linéaires, munis en-dessus d'une lamelle longitudinale. Etamines 10, saillantes, plus courtes que les pétales.

Les nombreuses espèces d'Œillets qui ornent et parfument nos parterres, y ont été successivement appertées depuis le XVIe siècle, de différentes régions de l'ancien monde. Plusieurs sont propres au midi de la France, quelques-unes ont été enlevées aux rochers des Alpes; l'Autriche, la Hongrie, l'Italie, la Grèce, la Crimée, la Perse, le Liban, le Caucase, la Chine, nous ont enrichis des plus remarquables. Leurs fleurs présentent une multitude de modifications dans leur forme, leur grandeur, leurs couleurs et surtout leurs agrégations entre elles en bouquets, en panicules, en corymbes, en fascicules. La faveur dont elles jouissent leur a valu quelques noms, tels que Mignardise, Jalousie. Bouquet tout fait, Œillet de poète, Œillet superbe. Cependant une espèce domine toutes les autres par la grande distinction des fleurs et la

(1) Le nom d'Œillet dérive d'*Ocellus* qui a été primitivement donné à une espèce, et celui de Dianthus, qui est dû à Linnée, signifie *fleur de Jupiter*

suavité du parfum : c'est l'OEillet des fleuristes ou de Flandre
qui est monté à un rang très élevé parmi les fleurs les plus recherchées , et la culture en a si diversement nuancé et panaché les
couleurs , que les variétés en sont devenues innombrables. Cet
OEillet par excellence brille aux fenêtres de la mansarde comme
à l'étagère la plus élégante , et son histoire présente quelques
traits remarquables. Il parait avoir été distingué et cultivé avec
succès, pour la première fois, par Réné d'Anjou , vers la fin du
XVᵉ siècle , lorsque ce prince oubliait la perte de son trône de
Naples dans les jouissances que procurent la nature et les arts.
Le grand Condé, se reposant de ses glorieuses campagnes , mar-
cottait ses OEillets dans les somptueux parterres de Chantilly. La
reine Marie-Antoinette, non pas dans les splendeurs de Versailles,
mais dans la sombre tour du Temple , reçut , caché au sein d'un
OEillet, un message qui aurait pu favoriser son évasion sans les
précautions extrêmes de ses exécrables gardiens

Insectes des OEillets.

COLEOPTÈRES.

Sphenoptera dianthi. Stev. — Ce Sternoxe vit sur les OEillets.
Cassida limbata. Linn. — V. Peuplier. Il vit sur le *D. carthu-
sianorum*. Brez.

HEMIPTÈRES.

Aphis dianthi. Schr. — V. Cornouiller.
Physapus atratus. Haled. — Ce Thripside vit sur les OEillets.

LÉPIDOPTÈRES.

Dianthæcia dianthi. Hubn.—La chenille de cette Noctuélide est
rase , atténuée aux deux extrémités. Elle mange les graines et se
tient dans les capsules des fleurs. Elle se renferme, pour se transformer, dans une coque de terre peu solide et enterrée assez profondément.

Dianthæcia comta. Fab. — Ibid. La chenille vit sur l'OE. des
dunes. Graslin.

G. SAPONAIRE. SAPONARIA. Linn.

Calice non bracteolé, tubuleux. Pétales cinq, brusquement rétrécis en onglet ; lames bidentées. Onglets aussi longs que le calice. Etamines dix.

Les Saponaires réunissent l'utile à l'agréable à un degré peu ordinaire : comblées des dons de la nature, elles réunissent à la beauté et au parfum suave des fleurs, des qualités qui nous intéressent sous les rapports agricole, économique et médicinal. L'une d'elles présente un fourrage si abondant, si goûté des bestiaux qu'elle porte vulgairement le nom de Ble de vache. Une autre, par sa décoction dans l'eau, donne une lessive qui en fait le savon des pauvres paysannes dans beaucoup de contrées, d'autant plus qu'elle croît le plus souvent près des ruisseaux et des rivières. Enfin, la même espèce est douée de vertus apéritives, dépuratives et sudorifiques qui, exaltees ou négligées suivant le caprice de la vogue, ne sont contestées par personne.

Insectes des Saponaires.

COLÉOPTERES.

Cassida azurea. Fab. — V. Peuplier. Il vit sur la S. officinalis. Suff.

Cryptocephalus hirtus. Linn. —V. Cornouiller. Brez.

Lasia globosa. Schneid. — Il vit sur la S. offic. Mulsant.

LÉPIDOPTÈRES.

Neuria sa[onariæ. Esp. — La chenille de cette Noctuélide est lisse, à écusson brun sur les deux premiers segments. Elle se nourrit des graines encore vertes, et s'enfonce dans la terre pour se transformer.

Coleophora saponariella. Schœff. — La chenille vit sur la S. offic. Zeller.

G. LYCHNIDE. Lychnis. Linn.

Calice tubuleux, cinq denté, dix costé. Pétales cinq, brusquement rétrécis en onglet non caréné. Lames appendiculées à la base. Etamines dix.

Les Lychnides présentent quelque intérêt à être comparées

dans leur état moderne et dans leur état chez les anciens. Elles sont pour nous un genre de plantes assez nombreux dont la plupart ont des fleurs agréables. Aux deux espèces communes dans les prairies, les Lychnides dioïque et laciniée, que nous cultivons à fleurs doubles dans nos jardins, nous avons joint successivement la Croix de Jérusalem ou de Chalcédoine, la Lychnide à grandes fleurs aurores, du Japon, la Lychnide éclatante, de Sibérie, et quelques autres. Nous ne considérons que leur beauté. Les Grecs, qui ne connaissaient que les deux premières, en faisaient des plantes utiles ; ils employaient les tiges velues de la Lychnide dioïque à l'usage de mèches pour les lampes dont le nom, *lychnis*, a été donné à la plante. Les graines étaient réputées salutaires contre les humeurs cholériques et les morsures des scorpions, et Galien les proclamait chaudes au 2.° degré, voire même au 3°. Quant aux fleurs, elles plaisaient alors comme à présent ; les jeunes filles s'en faisaient des chapeaux. Pline, sans doute par erreur, mettait les Lychnis au rang des roses de Grèce.

Insectes des Lychnis.

COLÉOPTERES.

Sibinia cana. Schon. — V. Orme. La larve vit dans les capsules du L. vespertina.

Sibinia nana. Fab. — V. Ibid. La larve vit et se transforme en société dans les capsules du L. dioica. Perr.

Sibinia vescariæ. Linn. — V. Ibid. Il vit sur le L. viscaria.

Cynegetis globosa. Fab. — La larve de ce Trimère dévore les feuilles du L. dioica.

HEMIPTÈRE.

Aphis lychnidis. Linn. — V. Cornouiller. Il vit sur les tiges du L. dioica. Kaltenb.

LÉPIDOPTÈRES.

Anchocelis pistacina. Fab. — La chenille de cette Noctuélide est rase. Elle vit sous les feuilles des Lychnis et se transforme dans une coque ronde, de terre peu solide et enterrée assez profondément.

Dianthæcia capsincola. E. — V. OEillet. La chenille vit dans les capsules du L. dioica. Hering.

Dianthæcia cucubali. WW. — V. Ibid. La chenille vit sur le L. chalcedonica. Har.

Larentia bilineata. Linn. — V. Tamarisc. La chenille vit sur le L. dioica. Brez.

Coleophora albifuscella. Zell. — V. Tilleul. Le fourreau de la chenille se trouve sur la partie inférieure des capsules du L. viscaria.

DIPTÈRES.

Cecidomyia lychnidis. Macq. — V. Groseiller. La larve se développe dans une galle velue qui couvre les feuilles. Avant de se métamorphoser, elle s'enferme dans une coque blanche et soyeuse.

Tephritis Lychnidis. Fab. — V. Berberis.

G. CUCUBALE. Cucubalus. Linn.

Calice ovoïde ou campanulé, vésiculeux, membraneux, strié, cinq denté. Pétales cinq; lame palmatifide ou bi-partie, onglets planes ou concaves. Etamines dix.

Le nom seul de Cucubale, altération de *Cacobolus*, indique les tiges difformes, diffuses, rampantes, de cette plante qui a aussi reçu celui de Paresseuse, de Couchée, enfin celui de Behen qui remonte au moyen-âge. On lui attribuait alors des vertus médicinales tombées depuis en discrédit, mais elle est réellement un excellent fourrage pour les bestiaux, et, à ce titre, elle est cultivée dans plusieurs contrées de l'Allemagne. On en utilise aussi les jeunes tiges en les mangeant comme les asperges.

Insectes des Cucubales :

COLÉOPTÈRES.

Phytonomus Pollux. Gyll. — La larve de ce Charençonite vit dans le C. Behen.

Cassida lucida. Fab. — V. Peuplier. Elle vit sur les Cucubales.

7

Cassida hemispherica. Herbst. — Ibid.

— nobilis. Fab. — Ibid.

— nebulosa. Fab. — Ibid.

Cynegetis globosa. Fab. — V. Lychnis. Les larves dévorent les feuilles du Cucubale.

LÉPIDOPTERES.

Dianthoecia cucubali. WW. — V. Œillet. Guen.

Eupithecia venosaria. B. — V. Tamarisc. La chenille vit sur le C. Behen.

Lupithecia silenaria. Stev. Ibid. La chenille se nourrit surtout de la fleur du C. Behen, et ensuite de la feuille. Standfuss.

Coleophora otitæ. Zell. — V. Tilleul. La chenille vit en mineuse dans les feuilles du C. Otites. Sa présence se trahit par les espaces clairs des feuilles. Zeller.

G. SILÈNE. Silene. Linn.

Calice claviforme ou turbiné, cinq denté, dix nervé, souvent renflé vers le sommet. Pétales cinq, souvent bifides. Onglets cunéiformes. Étamines dix.

Linnée, en donnant à ce genre un nom mythologique qui fait allusion à la rotondité du calice, semblable à celle du compagnon de Bacchus, lui a donné un air antique qui ne lui convient pas. Des deux cents espèces dont il est composé, aucune n'a été mentionnée par les anciens, et l'on peut s'en étonner lorsqu'on sait qu'elles appartiennent, en assez grand nombre, à la région méditerranéenne. Mais les Grecs et les Romains faisaient peu de cas des plantes qui ne leur présentaient pas quelque propriété utile, et il faut convenir que les Silènes ne se recommandent pas sous ce rapport, seulement elles nous plaisent assez par leurs fleurs et nous en admettons plusieurs dans nos parterres. Telles sont le S. peint, dont la corolle blanche est élégamment réticulée de violet ; le S. aux cinq plaies ; le S. de Virginie, aux grandes fleurs d'un pourpre éclatant ; le S. chancelant se singularise par sa corolle qui s'épanouit le soir et qui se referme peu après le lever du soleil en se roulant en dedans ; enfin le S. attrape-mouche, dont les tiges sont tellement visqueuses qu'elles retiennent les petits insectes qui viennent s'y poser.

Insectes des Silènes :

LÉPIDOPTÈRES.

Zygæna anthillidis. B. D. — V. Cytise. Elle se repose très-souvent sur la fleur du *S. acaulis*, Pierret.

Luperina luteago. Fab. — V. Pin silvestre. Elle pond un œuf qui se colle sur la tige du *S. inflata*, non loin d'un nœud, ou sur une feuille.

Hadena marmorosa. B. — V. Spartier. Elle se repose sur le S. acaulis. Pierret.

Dianthœcia magnolii. B. D. — V. OEillet. Elle voltige autour du S. viscosa. Bill.

Dianthœcia corsica. Ramb. — V. ibid. Elle butine le soir sur les fleurs du S. inflata.

Dianthœcia albimacula. Tr. — V. ibid. La chenille vit sur les S. nutans et inflata.

Dianthœcia Chi. Linn. — V. ibid. Il vole sur les feuilles du S. inflata. Bell.

Spœlotis simplonia. Hubn. — La chenille de cette Noctuélide est glabre. Elle se repose sur le S. acaulis. Sa métamorphose a lieu dans la terre. Pierret.

FAMILLE.

ALSINÉES. ALSINEÆ. Bartl.

Calice quatre ou cinq parti. Pétales subpérigynes. Ovaire uniloculaire, multiovulé.

Autant la famille précédente abonde-t-elle en plantes dont les fleurs sont vivement colorées, autant celle-ci présente-t-elle généralement des fleurs blanches, qui indiquent les stations alpestre et polaire qu'elle occupe le plus souvent, conformément à la loi qui coordonne la fécondation des plantes à la température des fleurs, et qui donne à ces dernières d'autant plus de chaleur, qu'elles sont blanches, parcequ'elles réfléchissent avec plus d'intensité les rayons du soleil.

G. STELLAIRE. *Stellaria*. Linn.

Calice à cinq sépales. Pétales cinq fois bifides. Etamines dix. Stigmates trois. Capsule unilocualire, déhiscente de haut en bas, en six valves. Graines chagrinées.

L'espèce la plus connue de ce genre est la S. Mouron, le Mouron blanc ou des oiseaux, la Morgeline enfin, noms qui attestent son ancienne vulgarité. Non seulement elle servait de nourriture aux oiseaux, mais elle était au nombre des plantes médicinales, humectantes et rafraîchissantes. Les Grecs l'appelaient *Alsine*, les Romains *Auricula muris*, de la forme de ses feuilles, ensuite *Hippia*, et vulgairement *Morsus gallinæ*, qui provient du goût que cet oiseau a pour elle, et d'où sont dérivés, non seulement Morgeline, mais encore la plupart des noms que porte cette plante dans les autres langues de l'Europe.

Insectes des Stellaires :

COLÉOPTÈRES.

Cassida obsoleta. Illig. — V. Peuplier. Il vit sur les S holostea et graminea. Suff.

Cassida nobilis. Fab. — V. ibid. Sur la S. Graminea Suff.

Chrysomela carniolica. Meg. — V. Saule. Sur le S. Nemorum. Suff.

HÉMIPTÈRE.

Aphis cerastii. Kattenb. — V. Cornouiller. Sur le S. holostea

LÉPIDOPTÈRES

Chelonia villica. Linn. — V. Cerisier. Elle se trouve sur le S. media. Brez.

Tryphœna subsequa. WW. V. Hêtre. Sur le S. media.

Chersotis multangula. Hubn. — V. Bruyère. La chenille vit sur la Stellaire. Freyer.

Coremia (ferrugaria, ferrugata. Linn.) WW.—V. Troëne. Sur le S. media.

Adela (Eutyphia. Hubn.) degeerella. Linn. —V. Hêtre. La chenille vit sur la S. mouron.

G. CERAISTE. Cerastium. Linn.

Calice à cinq sépales. Pétales cinq fois bifides. Etamines dix.
Stigmates trois. Capsule uniloculaire , dehiscente au sommet , en
dix dents recourbées. Graines réniformes.

Les nombreuses espèces de Céraistes se recommandent comme
nourriture des bestiaux. Plusieurs sont dignes de la culture dans
les jardins paysagistes , par l'effet que produisent leurs touffes
gazonneuses et leurs fleurs abondantes sur les rocailles ; l'Argentine surtout , *C. tomentosum* , s'étend en larges tapis de feuilles
satinées et de jolies fleurs en clochette , d'un blanc de neige, qui
se groupent en gracieuses corymbes.

Insectes des Céraistes :

HÉMIPTÈRES.

Psylla cerastii. Loew. — V. Buis. La larve détermine une dé-
formation du *C. vulgatum*. La partie supérieure de la tige se rac-
courcit et s'enfle ; les feuilles du calice prennent la forme de
chaperon; les pétales deviennent verts et grandissent jusqu'à égaler
souvent quatre fois la longueur naturelle, et prennent différentes
formes irrégulières ; la capsule s'enfle et devient irrégulièrement
bossue et les graines avortent. Loew.

Aphis cerastii. Kattenb. — V. Cornouiller. Il vit sur le C.
arvense.

Chermes cerastii. Linn. — V. Tamarisc. Il habite les feuilles
réunies en capitules du C. viscosum.

G. SPARGOUTE. Spergula. Linn.

Calice cinq sépales. Pétales cinq entiers. Etamines dix. Stigmates cinq. Capsule à cinq valves , polyspermes. Graines lenticulaires.

La Spargoute des champs présente de l'intérêt. Cultivée en
prairie artificielle , prospérant dans les sols frais et sablonneux ,
elle donne d'abondantes récoltes de fourrage vert qui plaît fort

aux bestiaux et surtout aux vaches laitières. C'est à cet aliment qu'est attribuée l'excellence du beurre de Dixmude qui ne le cède pas à celui d'Isigny et de la Prévallée.

Insectes des Spargoutes :

COLÉOPTÈRES.

Cassida nobilis Linn. — V. Peuplier. Elle vit sur la Sp. arvensis. Suff

Cassida viridula. Payk. — ibid.

— oblonga. Ill. — ibid.

Psylleoides spergulæ. Gyll. — ibid.

FAMILLE.

SCLERANTHÉES. Scleranthæ. Bartl.

Corolle nulle. Etamines périgynes. Carcerule monosperme.

G. SCLERANTHE. Scleranthus. Linn.

Le *Scleranthus perennis*, qui pour nous , représente la famille entière, a eu une grande importance avant la découverte de l'Amérique. Il nourrit sur ses racines un insecte , le *Coccus polonicus* qui fournit une substance tinctoriale , l'objet , pendant longtemps , d'un commerce et d'une consommation considérables. Cette Cochenille , qui était en possession de fournir la pourpre du moyen-âge , a été supplantée par celle du Nopal , lorsque le produit du Mexique se montra rival de celui de la Pologne. Il n'est plus employé que par les Cosaques.

Insectes du Scléranthe :

HÉMIPTÈRE.

Kermes polonicus. Linn. — V. Tamarisc.

FAMILLE.

CHENOPODÉES. Chenopodeæ. De C.

Corolle nulle. Etamines cinq ou moins , périgynes. Ovaire uniloculaire, uniovulé.

Les Chenopodées présentent les caractères essentiels des Caryophyllinées dans toute leur sévérité et sans l'ornement ordinaire d'une corolle; mais elles semblent vouloir racheter l'absence de la beauté par l'utilite, et nous trouvons en elles un grand nombre d'herbes potagères; la Betterave s'est élevée au rang le plus élevé parmi les plantes industrielles en nous fournissant le sucre. Beaucoup d'autres, croissant sur les grèves maritimes, ou les marais salins, se transforment en soude, cet autre sel qui alimente tant d'autres , d'industries.

Cette Famille nourrit un assez grand nombre d'insectes.

G SALICORNE. Salicornia. Linn.

Fleurs hermaphrodites, non bractéolées. Calice utriculaire. Etamines deux ou une seule, insérées au réceptacle.

Ces plantes à l'aspect bizarre, aux tiges sans feuilles, aux fleurs sans corolle, abondent sur les grèves maritimes, en harmonie avec la sévérité de l'Océan, l'âpreté des vents et aussi avec les besoins des marins par leurs vertus antiscorbutiques.

Insectes des Salicornes :

LÉPIDOPTÈRE.

Anthophila Wimmerii. Tr. — Dans cette Noctuélide, les palpes sont ascendants, les ergots des pieds postérieurs très-longs, les ailes supérieures larges. Les premiers etats sont inconnus. La chenille vit sur les Salicornes.

G. SALSOLA. Linn.

Fleurs hermaphrodites, bractéolées. Calice à cinq sépales. Disque annulaire, hypogyne. Étamines cinq ou trois.

C'est particulièrement à ces plantes que nous devons la soude (1), cette substance qui exerce une action si complexe dans l'économie domestique, à qui nous devons tant de choses utiles et principalement le verre, entré de tant de manières dans le domaine de l'industrie pour servir à nos besoins, à notre luxe, à nos arts, à nos sciences.

La Soude s'obtient par l'incinération des tiges sèches de ces

_____

(1) C'est le nom vulgaire de l'hydrate de protoxyde de sodium.

plantes , ainsi que des Salicornes , et même de quelques autres communes également sur les bords de la mer.

Insectes des *Salsola :*

Dasytes cylindricus. Linn. — Ce Malacoderme se trouve sur les Soudes. Jacquelin Duval.

Colotes rubripes , Perris. — Ce Malacoderme vit sous les touffes du S. Kali.

Tagenia intermedia. Fab. — Cet Hétéromère vit sous les Soudes. Jacquel. Duv.

Cataphranetis brunnea. Jacquel. D. — Il vit sur les Soudes , Duv.

Cleonus punctiventris. Geron. — V. Bruyère. Au pied des Soudes , ibid.

Coccinella undecim punctata. Linn. — V. Pin maritime. Il vit sur la Soude. Mulsant.

HEMIPTÈRE.

Phytocoris asplenactes. Am. — V. Poirier. Sur le S. Kali. Perr.

LÉPIDOPTÈRE.

Hadena sodæ. Ed. — V. Spartier. sur les S. Guinée.

G. ÉPINARD. SPINACIA. Linn.

Fleurs dioïques , non bractéolées ; mâles : Calice à quatre ou cinq divisions. Étamines quatre ou cinq. Femelles : calice urcéolé, à quatre ou cinq dents. Ovaire inclus. Stigmates deux , quatre.

Les Épinards , originaires de la Perse où Olivier les a souvent trouvés à l'état sauvage, introduits en Espagne par les Arabes, et signalés dès le XIVᵉ siècle comme plantes potagères, occupent, malgré leurs détracteurs, une position considérable dans l'art culinaire et dans l'art médical. Leur insipidité naturelle se corrige par l'assaisonnement et surtout la muscade; très-peu nutritifs, mais d'une digestion facile , ils rafraîchissent les entrailles enflammées, et c'est ainsi qu'ils sont les *balais de l'estomac.*

Insectes des Epinards :

Chelonia villica. Linn. — V. Cerisier Elle vit sur l'Epinard. Brez.

Noctua C. nigrum. Linn. — La chenille est rase. Elle se trans-forme dans une coque de terre très-fragile, enterrée plus ou moins profondément.

Scotophila tragopogonis. Linn. — La chenille de cette Noctu-lide est lisse, atténuée aux deux extrémités. Elle se transforme dans une coque informe, composée de débris de végétaux retenus par quelques fils.

G. BETTE. Beta. Linn.

Fleurs hermaphrodites, non bractéolées, calice à cinq divisions, adhérent par la base. Disque cuculliforme. Étamines cinq, insé-rées aux bords du disque. Ovaire suborbiculaire.

Ce genre présente deux espèces principales qui, par leurs destinées bien différentes, excitent de l'intérêt : la Bette propre-ment dite, ou la Poirée, est depuis l'antiquité l'une des herbes potagères les plus vulgaires. Elle était de plus, chez les Romains, considérée comme plante médicinale, douée d'un grand nombre de propriétés salutaires. Dépossédée de ce prestige, elle ne nous offre plus qu'un des éléments du bouillon des convalescents, mais l'usage alimentaire en subsiste toujours, en corrigeant toute-fois son insipidité par l'acide de l'Oseille, tandis que Martial con-seillait de l'assaisonner avec du vin et du poivre.

> Ut sapiant fatuæ fabrorum prandia Betæ,
> O quam sæpe petat vina, piperque cocus !
>
> (Epig., lib 13.)

La Betterave, moins anciennement connue, doit à sa racine une importance, une célébrité qui l'élève à un rang très-élevé parmi les plantes industrielles. Transformée en sucre par une des belles applications de la chimie à nos produits agricoles, et devenue ainsi la rivale de la Canne, elle s'est trouvée investie d'un rôle consi-dérable, non-seulement dans l'agriculture à laquelle elle apportait un puissant moyen d'amélioration, mais encore dans l'industrie, le commerce, la marine. Ses intérêts se sont trouvés en opposition avec ceux de la France méridionale, des villes maritimes, des colonies. Elle a donc eu à soutenir une lutte longue, acharnée, remplie de dangers et de péripéties, d'où elle n'est sortie victorieuse qu'après des prodiges de perfectionnement, de persévérance, de résistance, et c'est ainsi que l'agriculture française s'est enrichie de la plus belle industrie.

Récemment la maladie de la Vigne ayant diminué considérablement la production de l'alcool, la Betterave a été appelée à en produire elle-même ; mais espérons que l'invasion de l'Oïdium ne sera pas de longue durée et que cette nouvelle transformation n'aura fait que passer.

Insectes des Bettes :

COLEOPTERES.

Agriotes segetis. Fab. — V. Vigne. Il dévore les racines des jeunes Betteraves. Macq

Atomaria linearis. Steph. — Ce Cryptophage, malgré sa petitesse, fait de grands ravages dans les semailles des betteraves, en rongeant les jeunes plantes.

Lixus ascanii. Fab. — V. Spartier. La larve vit et se transforme dans la tige de la B. vulgaris.

Gastrophysa polygoni. Linn. — V. Raphanus.

LEPIDOPTERES.

Hadena persicariæ. Linn. — V. Spartier. La chenille vit des feuilles de la B. poirée. Herring.

Hadena brassicæ. Linn. — Ibid. La chenille ronge les feuilles de la Betterave et y cause des dégâts.

Solenoptera meticulosa. Linn. — V. Ciste.

DIPTERE.

Phytomyza Betæ. Macq. — V. Houx. La larve mine les feuilles de la Betterave.

G. ARROCHE. Atriplex. Linn.

Fleurs polygames ou monoïques, ou dioïques , hermaphrodites , calice à trois ou cinq divisions. Etamines en même nombre que les divisions du calice. Mâles : calice et étamines comme dans les hermaphrodites. Femelles : calice bifide , comprimé. Ovaire couronné par deux stigmates sessiles.

L'espèce commune , cultivée dans l'antiquité comme herbe potagère et comme plante salutaire , se recommande encore aujourd'hui par les mêmes qualités. Vingt siècles ont passé sans y apporter le moindre changement ; son nom même , en changeant de langue, est resté le même, et *Atraphuaxis* est devenu *Atriplex* en latin , Arropice en italien et Arroche en français. Quant à son nom vulgaire de Belle ou Bonne Dame, j'en ignore l'origine.

Insectes des Arroches :

COLÉOPTERES.

Baris atriplicis. Oliv. — V. Bouleau.
Cassida nebulosa. Linn. V. Peuplier. Elle vit sur l'A. nitens.

HÉMIPTÈRES.

Aphis atriplicis. Fab. — V. Cornouiller.
— hortensis. Linn. — V. ibid. Sur les sommités. Brez.

LÉPIDOPTÈRES.

Arctia lubricipeda. Fab. — V. Poirier.
Hadena atriplicis. Linn. — V. Spartier.
Miselia oxyacanthæ. Linn. — V. Aubépine.
Noctua signum. WW. — V. Epinard.
Calocampa exoleta. Linn. — La chenille de cette Noctuelide est rase, atténuée aux extrémités; elle vit à découvert , s'enferme dans une coque de terre très-fragile et s'enterre profondément.
Anthophila wimmerii. Tr. — V. Salicorne.
Lita atriplicella . F. V R. — V. Bouleau.
Coleophora aurogillella F R. — V. Tilleul. La chenille vit sur les *A. laciniata*, *pertella*, *latifolia*, dont elle dévore la graine. Zeller.

DIPTERES.

Pegomyia atriplicis. Gour. — La larve de cette Anthomyzide ronge les feuilles de l'Arroche.

G. CHÉNOPODE. Chenopodicm. Linn.

Fleurs hermaphrodites, non bractéolées. Calice à cinq divisions tombant avec le fruit. Etamines cinq , insérées au réceptacle.

Ce genre nombreux, dont le nom signifie Patte-d'Oie, de la forme des feuilles , et qui pour cela aussi est appelé vulgâirement Ansérine , ne présente pas d'espèces cultivées , mais plusieurs sont utilisées comme herbes potagères , entr'autres le Bon-Henri , qui porte ce beau nom en souvenir sans doute de quelque trait de bonté populaire émané de la même source que la poule au pot.

Insectes des Chénopodes :

COLÉOPTÈRES.

Cassida nobilis. Linn. — V. Peuplier. Elle vit sur le C. album. Suff.

Cassida nebulosa. Linn. — V. ibid. Suff.

LEPIDOPTÈRES.

Arctia lubricipeda. Linn. — V. Poirier

Orthosia ambigua. Hubn. — V. Houx.

Aplecta chenopodiphaga. Ramb. — V. Bouleau.

Hadena chenopodii. Fab. — V. Spartier. Elle vit sur le C. fruticosum. Ramb.

Hadena contigua. Fab. — Ibid. La chenille vit sur le C. Bon-Henri.

Hadena peregrina. Tr. — V. ibid.

Calocampa exoleta. Linn. — V. Arroche.

Boarmia rhomboidaria. WW. — V. Tulipier.

Cidaria chenopodiaria. Linn. — V. Berberis.

Lita atriplicella. Fab. — V. Bouleau. On trouve la chenille au mois de septembre , au sommet du C. viride qu'elle roule et dont elle devore les graines. Bouché.

Butalis (Ochsenhermeria. Zell.) chenopodiella. Dup.— V. Blé.

Coleophora flavogenella Lieniz. — V. Tilleul. La chenille vit sur les fleurs et les graines des *C. album* et *opulifolium*. Elle vit de la graine, se tenant dans sa jeunesse presque verticalement, et obliquement dans sa vieillesse sur la fleur dans laquelle elle ronge un trou rond. Zell.

Coleophora annulatella (Nylander) — V. ibid. La chenille paraît vivre sur le Chenopodium. Zell.

Coleophora unipunctella. F R. — V. ibid. La chenille vit sur le Chenop.

Pterophorus adactylus. Rumb. — V. Rosier. La chenille vit sur le C. fruticosum.

CLASSE.

SUCCULENTES. Succulentæ. Bartl. — Voyez les arbres.

Cette classe, (1) dont nous nous sommes occupés en parlant des Séringats, est généralement composée de plantes herbacées qui sont en même temps, pour la plupart, épaisses, charnues, imprégnées de sucs, connues sous le nom de plantes grasses. Très-peu pourvues de racines, elles tirent presque toute leur subsistance de l'humidité de l'air et sont évidemment destinées à vivre dans les sols pierreux, dans les interstices des rochers ; aussi les voyons-nous couvrir les vieux murs, et jusqu'aux toits de chaume.

FAMILLE.

SAXIFRAGEES. Saxifrageæ. Juss.

Etamines en nombre défini. Ovaire deux, connés. Herbes à feuilles non stipulées.

G. SAXIFRAGE. Saxifraga. Linn

Calice semi-adhérent et à cinq divisions, persistant. Pétales cinq. Etamines dix, insérées alternativement devant les pétales et les segments du calice.

Peu de plantes se présentent sous des aspects aussi divers que

(1) Elle comprend les familles des Cunoniacées, des Saxifragées, et des Crassulacées

les Saxifrages. En conservant leurs caractères génériques, elles affectent, surtout dans leur port et la forme de leurs feuilles, une sorte d'indépendance qui les rend, en apparence, étrangères les unes aux autres ; elles semblent souvent aussi vouloir se déguiser et prendre la ressemblance d'autres plantes, d'où sont venus pour plusieurs les noms de Fausse-Mousse, Faux-Sédon, Fausse-Androsace, Faux-Géranion, etc. Quelques-unes sont cultivées dans les jardins ou méritent de l'être, pour l'élégance de leurs fleurs, telles que la Saxifrage pyramidale, le Gazon d'Angleterre, la Mignonnette qui défie les peintres.

Ces plantes ont été connues des anciens et ont été l'objet d'un genre d'erreur qui, pour n'être pas sans exemple, n'en est pas moins remarquable. Les racines de la Saxifrage granuleuse s'insinuent dans les interstices des rochers, en détachant des molécules; il en est résulté d'abord le nom de la plante, de saxum frango, et, ensuite, on a cru qu'elle possédait la vertu de rompre, de dissoudre les calculs de la vessie.

Insectes des Saxifrages :

LEPIDOPTERES.

Parnassius Apollo, Linn. — La chenille de ce papillon est pubescente, à tentacule rétractile sur le cou, elle se renferme dans un léger réseau entre des feuilles. Il se trouve sur les S. des Alpes.

Pterophorus mictodactylus. S. V. — V. Rosier. La chenille vit sur le S. granulata. Zeller.

FAMILLE.

CRASSULACÉES. Crassulaceae. De Cand.

Calice inadhérent. Étamines en nombre défini. Ovaires en nombre égal aux segments calicinaux.

Cette famille, remarquable par la consistance charnue des feuilles et des tiges et qui fait partie des plantes grasses, doit à sa nature la faculté de puiser dans l'air presque toute sa nourriture et de croître dans les sites les plus secs. Elle se compose d'un assez grand nombre de genres dont les principaux sont les Crassules , les Sedum et les Ficoïdes. Ces dernières seules ne comprennent pas moins de trois cents espèces, presque toutes du cap de Bonne-Espérance. C'est à cette famille qu'appartient la Joubarbe que nous aimons à voir fleurir sur les toits de chaume. Elle orne modestement la cabane du pauvre villageois dont elle soulage, en même temps , la plupart des maux par ses vertus salutaires ; elle est pour lui de bon augure , lui inspire de la confiance et lui fait supporter avec plus de courage les épreuves de la vie.

G. SEDUM. Sedum. Linn.

Calice ordinairement quinque fide. Pétales ordinairement cinq, étalés. Étamines en nombre double des pétales. Filets élargis à la base. Anthères suborbiculaires.

Dès l'antiquité , les *Sedum* , ainsi que leurs voisines les Joubarbes , étaient en possession d'offrir des remèdes à tous les maux: Ils n'étaient pas même étrangers à la magie. Le temps et ses péripeties les ont bien ravalés, au moins aux yeux de la science. Le peuple continue à les employer dans la médecine domestique. Des quatre vingt-dix espèces connues , trois ou quatre sont usuelles , jouissant d'une grande popularité et portant un grand nombre de noms , quelquefois bizarres. Le *Sedum telephium* s'appelle Herbe des Charpentiers , Reprise , Grassette , Orpin , dérivé de *Auripigmentum , Auripinum ;* le *Sedum acre* est le Poivre de muraille , la Vermiculaire brûlante , le Pain d'oiseau ; le *Sedum album*, petite Joubarbe (Jovis barba) , Trique-Madame (Tricot de Madame) ; le *Sedum anacampseros* , ainsi nommé , parce que , suivant Pline , le toucher suffisait , disait-on , pour ramener les amants infidèles , ce qui lui vaut encore le nom d'Herbe magique.

Insectes des Sedum :

LEPIDOPTERES.

Parnassius Apollo. Linn. — V. Saxifrage. Il vole sur les plateaux couverts de *Sedum*. La femelle descend quelquefois dans le fond des vallons et se repose sur les Luzernes. Duponchel.

Zygæna Sedi. Fab. — V. Cytise.

Caradrina respersa. Ochs. — V. Imperatoire. La chenille se nourrit du S. album. Bruand.

Yponomenta sedella. Tr. — V. Fusain. La chenille se nourrit du S. telephium.

Lita guttella. Linn. —V. Bouleau. Elle vit sur le S. *acre.* Brez.

CLASSE.

CALICIFLORES. Calicifloræ. Bartl.

Pétales et étamines insérés au calice. Ovaire un à quatre, loculaires. Placentaires le plus souvent centraux et soudés en colonne.

Cette classe, composée de plusieurs familles importantes (1), n'est représentée en Europe que par un petit nombre de plantes, telles que les Epilobes, les Onagres, les Salicaires. Mais elle en comprend une multitude d'autres, réparties sur les diverses parties du globe, et parmi lesquelles se trouvent des arbres et des fleurs de la plus grande beauté, et d'autres végétaux remarquables par quelque particularité. Nous citerons le *Quiscalia indica*, dont les fleurs sont d'un blanc pur en s'épanouissant le matin, d'un rouge pâle dans l'après midi, roses le soir, et d'une couleur de sang le lendemain. Nous mentionnerons encore les Mangliers ou Palétuviers, qui croissent sur les plages des mers tropicales. Leurs racines, semblables à des arcs-boutants, élèvent le tronc au-dessus de la surface du sol ; le tronc pousse d'autres racines dans presque toute sa longueur ; les branches, à leur tour, offrent le même phénomène ; les racines qu'elles émettent, ayant atteint la terre, s'y fixent, reproduisent de nouveaux troncs et finissent par former des forêts impénétrables qui servent de demeure à une multitude d'huîtres, de crabes et d'oiseaux aquatiques. Spach. Nous signalerons encore le *Terminalia macroptera*, de Sénégambie. Outre les fruits ordinaires de cet arbre, disent MM. Guillemin et Perrottet, on rencontre sur tous

(1) Les Combretacées, les Vochysiées, les Rhynophorées, les Onagraires, les Lythrariées et les Haloragées.

les individus une grande quantité de panicules d'autres fruits ,
ovoïdes , de la grosseur d'un œuf de pigeon. Cette monstruosité
provient probablement de la piqûre d'un insecte (de la famille des
Cynipsaires). L'intérieur est composé de cellules rondes , rem-
plies d'un suc limpide , épais comme du miel , d'une saveur aigre
et contenant beaucoup d'acide gallique , comme les noix de galle
qui sont aussi produites par la piqûre d'insectes.

FAMILLE.

ONAGRAIRES. Oxagrariæ. Bertl.

Ovaire adherent , à quatre loges multiovulées. Graines attachées à un axe central.

TRIBU.

JUSSIEVEES. Jussieveæ. Spach.

G. ISNARDIE. Isnardia. Linn.

Tube calicinal non prolongé au-delà de l'ovaire. Graines nues ,
inappendiculées.

L'Isnardia palustris nourrit la larve de l'*Haltica Lythri.* Fab.,
qui en ronge les feuilles. Perris.

TRIBU.

ONAGREES. Onagreæ. Spach.

Tube calicinal, plus ou moins prolongé au-delà de l'ovaire.
Partie inadhérente caduque ; limbe, 4 parti, le plus souvent
réfléchi.

SECTION.

ENOTHEREES. Ænothereæ. Spach.

Tube calicinal (partie inadhérente) allongé , subcylindrique ;
limbe à segments réfléchis , colorés. Disque formant un bour-
relet annulaire. Etamines huit , unisériées , égales.

La famille des Onagraires , qui ne compte qu'un très-petit
nombre de plantes européennes , est au contraire très-riche et diversifiée en exotiques. Un grand nombre d'entr'elles ont été im-
portées dans nos jardins et dans nos serres , où elles brillent par
leur beauté. Tels sont les Lavauxia , les Xyloplevrum, les Gaura,
les Godetia , les Clarkia , les Lopezia , et surtout les Fuchsia ,
qui méritent à tant de titres la faveur dont ils jouissent.

8

G. ONAGRE. Onagra. Tour.

Tube calicinal (partie inadhérente) plus long que l'ovaire , un peu charnu, cotonneux en dedans ; limbe à quatre segments, membranacés , planes. Pétales , quatre. Etamines , huit. Ovaire oblong , conique.

Le nom d'Onagre , donné par Tournefort aux plantes qui le portent aujourd'hui , leur a été attribué arbitrairement ou sur de fausses apparences. Le véritable Onagre ou Enothère était une plante branchue et haute comme un arbre, décrite par Théophraste et Dioscoride , mais qui n'a pas été retrouvée par les modernes.

Les Grecs croyaient que l'eau où la racine avait trempé, étant donnée à boire à un animal sauvage, le rend domestique. Théophraste, d'après Matthiole , traduction de Du Pinet, dit : « que la racine d'Onagra, bue avec du vin , rend la personne plus affable et plus accointable. De moi, je ne trouvai jamais personne qui m'ait sçue montrer l'Onagra , combien qu'elle soit fort nécessaire , non-seulement pour dompter et apprivoiser les bêtes sauvages, mais aussi pour adoucir la brutalité de plusieurs personnes qui en ont bon besoin. » Cette boutade de Matthiole n'avance guère la question.

Insectes des Onagres :

COLÉOPTÈRE.

Altica Lythri. Fab — V. Vigne. La larve ronge les feuilles de l'O. europæa. Perris.

HÉMIPTÈRE.

Cicada œnotheræ. Linn. — V. Vigne. Sur l'O. europæa. Brez.

LÉPIDOPTÈRE.

Pteregon ænotheræ. Fab. —La chenille de cette Sphingide se nourrit de l'O. europæa. Elle est lisse , à plaque lenticulaire , au lieu de corne sur le onzième segment. Elle se métamorphose à la surface de la terre, dans une coque informe, composée de débris de végétaux , réunis par des fils.

SECTION.

EPILOBIÉES. Epilobieæ.

Tube calicinal (partie inadhérente) court ou presque nul ;

limbe réfléchi ou dressé. Etamines unisériées ou bisériées , alternativement plus longues et plus courtes.

G. EPILOBE. Epilobium. Linn.

Calice 4 fide ; segments dressés. Disque pelliculaire , 4 lobé
Pétales, quatre, dressés, egaux. Etamines, huit , bisériées.

L'Osier fleuri , Laurier Saint-Antoine , est une des plus belles
plantes indigènes. Sa taille élevée , son port élegant , son gai
feuillage, sa tige souple, flexible, gracieuse , ses jolies fleurs purpurines, légèrement rassemblées en larges épis qui couronnent les
tiges , tout charme nos regards lorsque nous l'apercevons au bord
d'un ruisseau , à l'ombre d'un Saule ou sur la lisière d'un bois ,
ombrageant à son tour les Violettes et les Anémones.

La beauté de l'Epilobe devrait le dispenser d'être utile. Cependant on cherche dans ses racines la délicatesse de l'Asperge , on
fait entrer ses feuilles dans la composition de la bière, on demande
du coton aux aigrettes de ses semences

Insectes des Epilobes :

COLÉOPTÈRES.

Cœlide epilobii. Payk. —La larve de ce Curculionite vit sur
l'Epilobe.

Ceutorhynchus epilobii. Payk — V. Bruyère.

Altica lythri. Fab. — V. Vigne. La larve ronge les feuilles des
E. tetragononum et palustris. Perris.

HÉMIPTÈRE.

Pentatoma vernalis. Wolfuss. — V. Genévrier. Il vit sur l'E.
spicatum en Lithuanie. Gorski.

LÉPIDOPTERES.

Deilephila vespertilio. Linn.—V. Vigne. la chenille vit sur l'E.
angustifolium. Dup.

Deilephila elpenor. Linn. — V. Ibid.

————· porcellus. Linn. — V. Ibid.

———— epilobii. Hubn. — V. Ibid.

Pterogon Œnotheræ. Fab. — V. Enothère. La chenille vit sur
l'E. angustifolium.

Elachista epilobiella. W. W. — V. Houx.

Elachista longiella. Zell. — V. Ibid. La chenille vit sur l'E. hirsutum,

Pterophorus negadactylus. Zell — V. Rosier. Sur les E. Zeller.

LYTHRARIÉES. Lythrarieæ. Juss.

Ovaire inadhérent. Péricarpe capsulaire

Cette petite famille ne contient guère qu'une seule plante qui habite l'Europe , la Salicaire. Parmi les exotiques , il en est une connue et employée depuis la plus haute antiquité , comme elle l'est encore aujourd'hui : c'est le Lawsonia, connu des Hébreux sous le nom de *hacopher,* des Arabes, sous celui de *henni,* et des Grecs , sous celui de *kypros.* La feuille desséchée et réduite en poudre, à laquelle on ajoute de la chaux vive et du jus de citron , sert à teindre en rouge ou en jaune les ongles et l'extrémité des doigts des femmes en Orient , partie essentielle de leur toilette , et la teinture en est si solide qu'on l'a observée sur des momies tirées des hypogées de l'Egypte des Pharaons.

G. SALICAIRE, Lythrum. Linn.

Calice tubuleux , à dents courtes , triangulaires. Pétales six , oblongs, divergents. Etamines six ou douze , insérées au milieu ou vers la base du tube calicinal. Ovaire oblong.

La Salicaire qui doit son nom à une certaine ressemblance avec le Saule par la forme de ses feuilles , est une de nos plus jolies plantes riveraines. Fixée au bord des eaux , et mêlant les longs thyrses de ses fleurs purpurines aux touffes des Glayeuls et des Roseaux, elle se mire dans les ruisseaux , elle les orne de sa présence.

Le nom de la Salicaire ne remonte pas jusqu'à l'antiquité. Matthiole , au XVI⁰ siècle, le considerait comme synonyme de la *Lysimachia* (1) de Dioscoride, qui la décrit de manière à ne pouvoir douter de l'identité. Pline fait dériver son nom du roi Lysi-

---

(1) La Lysimachia portait aussi le nom de Lytros, suivant Dioscoride

maque qui, le premier, en fit usage. Outre ses nombreuses propriétés médicinales, sa vertu est telle, ajoute Pline, que la mettant sur le joug des bœufs qui ne veulent s'accorder à tirer, elle les rend paisibles et d'accord.

Longtemps employée comme astringente, la Salicaire a perdu sa vogue, mais non sa qualité salutaire, et la médecine domestique sait encore y recourir avec succès.

Insectes des Salicaires.

COLÉOPTÈRES.

Apion ervi. Gyll. — V. Tamarisc Sur la Salicaire.

— Nanophyes hemisphericus. Fab. — V. Tamarisc. Elle dépose ses œufs dans la tige du L. hyssopifolia , et leur présence détermine une hypertrophie galliforme dans laquelle vivent et se transforment les larves. Perris.

Nanophyes lythri. Fab. —V. Ibid. La larve vit dans les ovaires de la Salicaire.

Nanodes lythri. Fab. — V. Tamarisc.

Galeruca lythri. Gyll. — V. Viorne.

Graptodera oleracea Fab. — V. Vigne.

———— nigriventris. Dej. — V. Ibid. Il ronge les feuilles de la Salic.

Apththona salicariæ. Payk. — V. Ronce.

HÉMIPTÈRE.

Aphis lythri. Schr. — V. Cornouiller.

LÉPIDOPTÈRES.

Lycæna telicanus. Herbst. — V. Baguenaudier. Il se trouve sur les fleurs de la Salicaire. Rumbm.

Simyra venosa. Borkh. — V. Saule. La chenille vit sur la Salic. Hering.

FAMILLE.

HALORAGÉES. Halorageæ. Rob. Br.

Ovaire adhérent, à loges uniovulées.

Les Haloragées forment une petite famille qui , par quelques

caractères équivoques, par quelques rapports avec les Monoco-
tylédones, et par sa nature généralement aquatique, a été quelquefois comprise parmi les Hydrocharidées.

G. MACRE. Trapa. Linn.

Limbe calicinal persistant. Pétales obovales. Etamines quatre.

La Macre flottante, le *Tribulus* des anciens, offrait alors comme
aujourd'hui, dans son fruit, une substance alimentaire, utilisée
dans toutes les contrées où elle abonde sur les étangs, les lacs,
les rivières, où sa tige s'étend sur la surface de l'eau, et se couvre
de feuilles flottantes. Son nom vulgaire de Châtaigne d'eau
exprime fort bien sa forme, son goût et l'usage qu'on en fait.

Insecte des Macres

COLÉOPTÈRE.

Donacia typhæ. Brahm. — V. Typha. Elle vit sur le *Trapa
natans*. Suffr.

G. MYRIOPHYLLUM. Myriophyllum.

Fleurs ordinairement monoïques. Mâles : calice quatre parti.
Petales quatre, fugaces. Etamines : quatre, six ou huit. Femelles,
limbe calicinal quatre parti. Corolle nulle. Ovaire quatre lobe.

Le *Myriophyllum*, Millefeuille aquatique, vit submergé, à
l'exception des fleurs qui s'élèvent au dessus de la surface des
eaux en verticilles de chaque sexe : les mâles s'élèvent au-dessus
des femelles pour répandre sur elles le pollén de leurs étamines.

Cette plante, souvent fort abondante, est utilisée comme engrais.

Insectes des Myriophyllum.

COLEOPTERES.

Phytobius velaris. Fab. — V. Groseiller. Il vit complètement
immergé sur le *Myrioph. spicatum*. L. Duf.

Phytobius notula. Schupp. — Les larves de ce genre, comme celles
des Coniatus, les Phitonomus, les Cionus, sont apodes, pourvues
de trois séries longitudinales de mamelons latéraux et ventraux,
et recouvertes d'une légère couche de substance visqueuse. Elles
sont appelées à vivre sur le feuillage, quoique sans pattes pour

s'y accrocher ; mais elles ont la faculté de sécréter une humeur visqueuse qui se répand sur tout leur corps et les retient assez fortement sur le plan de position pour leur permettre de ramper le long des tiges des plantes nourricières. La larve du Phytobius notula se répand sur tout le corps une couche épaisse qui la voile complètement. Elle rejette de petits grains qui se répandent sur les segments et, retenus par la matière visqueuse, abritent le corps avant que la larve se transforme ; elle se retire dans un pli d'une feuille et se forme une coque comme le Phytonomus.

CLASSE.

COLUMNIFÈRES. Columniferæ. Bartl.

Voyez les Arbres.

Cette classe, dont nous n'avons eu à décrire que le Tilleul, est considérable et nombreuse surtout en plantes intertropicales. Elle se divise en plusieurs familles (1) dont les Malvacées seules sont ici de notre ressort et qui nous présentent beaucoup d'intérêt par les qualités salutaires que nous trouvons en plusieurs d'entre elles et par la grande importance industrielle des Cotonniers. Les autres familles, qui contiennent un grand nombre de végétaux remarquables par la beauté de leurs fleurs, en comprennent aussi qui nous sont précieuses par leurs produits. C'est à l'un d'eux que nous devons le chocolat, cet aliment exquis, moelleux, fondant, parfumé, et en même temps réparateur par excellence de nos forces affaiblies.

FAMILLE.

MALVACEES. Malvaceæ. Bartl.

Calice persistant. Etamines monadelphes. Anthères à une seule bourse.

Cette famille, qui tire son nom des plantes dont les qualités salutaires leur ont assuré une si grande popularité, comprend

---

(1) Les Malvacées, les Dombeyacées, les Hermanniacées, les Byttnériacées, les Sterculiacées et les Tiliacées

encore un grand nombre de végétaux , la plupart exotiques , qui
présentent un grand intérêt : tels sont les Cotonniers , les Erio-
dendrons et les Bombax , ces très-grands arbres qui produisent
aussi du coton , mais trop court pour être filé , et enfin le fameux
Baobab, ce colosse du règne végétal.

G. MAUVE. Malva. Linn.

Calicule à deux ou trois folioles libres. Calice cinq fide. Pétales
cinq, ordinairement bilobés, étalés.

Entre toutes les plantes que la Providence a destinées au soulagement de l'humanité souffrante, il en est peu d'aussi précieuses
que la Mauve. Il n'en est pas dont les vertus soient aussi universellement reconnues. Grâce au mucilage doux et nutritif dont
elle abonde dans toutes ses parties , elle est éminemment emol-
liente, ainsi que l'exprime son nom (1), adoucissante, rafraîchissante. Elle est tellement propre à calmer toutes les inflammations,
les irritations , qui sont le prélude de la plupart de nos maladies
qu'elle est presque un remède universel, d'où les anciens l'appelaient *omnia-morbida*. Aussi l'avons-nous partout sous la main,
croissant sur le bord des chemins, autour des habitations rustiques,
dans les décombres, etc.

Les anciens employaient la Mauve , non seulement comme
remède, mais surtout comme plante alimentaire. Les Romains
apprêtaient avec recherche les feuilles radicales et les jeunes
tiges ; Cicéron s'en donnait une indigestion dont il fait l'aveu
dans une de ses épitres ; Horace l'accueille dans ses vers comme
sur sa table :

> Me pascunt olivæ,
> Me Cichorea, levesque Malvæ.
>
> Od. 31. lib. 1

Parmi les modernes, les Chinois en conservent l'usage alimentaire.

Insectes des Mauves.

---

(2) Mauve dérive de Malve et de Malasso ou de Malatto , j'amollis.

COLEOPTERES.

Apion malvæ. Fab. — V. Tamarisc. Il depose ses œufs dans les graines de la *M. Sylvestris*. Perr.

Apion fuscirostre. Fab. — V. Ibid. Même observation.

Apion æneum. Fab. — V. Ibid. La larve vit dans les tiges de la *M. Sylv*. Perr.

Apion radiolus. Marsh. — V. Ibid. Il vit sur la *M. Sylv.*, et il y creuse des sillons. Walton.

Diodyrhynchus austriacus. Meg. — Ce Curculionite vit sur la *M. Sylv*.

Lixus angustatus. Fab. — V. Spartier. La larve vit dans les tiges des Mauves ; elle en dévore la moelle en y creusant une large galerie. Perr.

Cartallum ruficolle. Fab. — Ce Longicorne vit sur la *M. Sylv*. Jacquel.

Podagrica malvæ. Ill. — Cette Chrysoméline vit sur les Mauves.

— — — — fulvipes. Fab. — Ibid.

— — — — fuscipes. Fab. — Ibid.

HÉMIPTÈRES.

Cimex apterus. Fab. — V. Tilleul.

Heliothrips bæmorrhoidalis. Bouché. — Cette Thripside est commune sur les Malvacées.

LÉPIDOPTÈRES.

Syrichtus alveolus. H. — La chenille de cette Hespéride a, comme les autres, la tête forte, un peu fendue. Elle se transforme entre des feuilles repliées sur elles-mêmes.

Spilothyrus malvæ. Fab. — La chenille vit sur la *M. rotundifolia*. Hering.

Acontia malvæ. Esp. — La chenille de cette Noctuélide est atténuée postérieurement ; elle se renferme dans une coque molle de soie mélangée de grains de terre.

Cidaria malvata. Linn. — V. Berberis.

Anacampsis malvella. Hubn. — V. Peuplier.

G. GUIMAUVE: ALTHÆA. Linn.

Calicule de cinq à neuf folioles soudées inférieurement. Calice cinq fide. Pétales cinq, ordinairement bilobés, étalés.

Toutes les qualités bienfaisantes que nous venons de signaler dans les Mauves, se reproduisent plus eminentes dans la Guimauve. Les douces vertus de cette plante semblent même se révéler à l'extérieur par le duvet soyeux qui revêt toutes ses parties, par les teintes moelleuses des couleurs, par l'harmonie qui règne dans l'ensemble. Il semble que la nature nous la montre du doigt, nous invite à la cueillir pour adoucir les âcretés, les irritations, les inflammations de nos viscères. Le mucilage onctueux de ses racines la rend surtout pectorale.

C'est à ses bienfaits qu'elle doit son nom grec *Althœa*, je soulage, je guéris. Les Grecs lui donnaient encore celui d'*Hibiscus*, qui a également passé dans la langue latine, ainsi que l'atteste ce vers de Virgile :

Hædorumque gregem viridi compellere Hibisco   Egl. 2

et ce nom d'Hibiscus, placé avant celui de Malva, a donné lieu à celui de Guimauve, Ibisco-Malva, Biscomalve, Bismalve, Guimauve, tandis que, placé après, il a produit Malvavisco, nom italien et espagnol de cette plante.

Une autre plante de ce genre est l'un des plus beaux ornements de nos jardins : la Rose Trémière, Passe-Rose, Bourdon de Saint-Jacques, par son élévation, son élégance, les couleurs éclatantes et variées de ses fleurs, merite la distinction dont elle jouit.

Insectes des Guimauves.

COLÉOPTÈRES.

Apion radiolus, Kirby. — V. Tamarisc. Il creuse des galeries dans les Guimauves et leur nuit. Bouché.

Lixus augustatus. Fab. — V. Spartier. La larve vit dans les tiges de la Guimauve comme de la Mauve. Perr.

HÉMIPTÈRE.

Jassus pulchellus. Herr. — Cet Homoptère vit sur la *G. offi-cinale*.

G. LAVATÈRE, Lavatera. Linn.

Calicule à trois ou six folioles plus ou moins soudees. Calice cinq fide. Pétales cinq, ordinairement bilobés, étalés.

Il y a trop de ressemblance organique entre les Lavatères, les Mauves et les Guimauves pour pouvoir douter que les premières de ces plantes ne participent aussi des propriétés bienfaisantes des autres. Elles doivent en être une succédanée précieuse ; mais on n'en parle pas, et, pour ne pas accuser les Lavatères d'inutilité, on signale leur écorce fibreuse comme pouvant servir à faire des toiles, des cordages et même du papier. Cependant, leur qualité par excellence est la beauté, c'est la floraison abondante, gaie, charmante, qu'elles nous prodiguent tout l'été, et qui leur a valu le nom vulgaire de Mauve fleurie.

Insectes des Lavatères.

COLÉOPTÈRES.

Apion radiolus. Kerby. — V. Tamarisc. Il creuse des galeries dans les Lavatères. Bouché.

Lixus augustatus, Fab.—V. Spartier. La larve vit dans les tiges des Lavatères comme de la Mauve. Perris.

HÉMIPTÈRE.

Stenogaster lavateræ. Fab. — Cette Cimicide vit sur les L.

LÉPIDOPTÈRE.

Spilothyrus lavateræ, Esp. — V. Mauve.

G. ABUTILON, Abutilon *Tourn.*

Calice non calicule, persistant, cinq fide. Pétales obovales, obtus, flabellinervés. Ovaire cinq, ou pluriloculaires.

Ce genre nombreux, quoiqu'il ne soit qu'un démembrement des *Sida* de Linnée, ne contient qu'une espèce européenne, et encore n'habite-t-elle que la partie australe ; c'est l'Abutilon de

Matthiole et d'Avicennes dont on lui a donné le nom. L'écorce de
ses tiges se file comme le chanvre dans plusieurs contrées. Les
fleurs en bouton d'une espèce du Brésil servent d'assaisonnement
culinaire. Plusieurs autres, préservées de la gelée pendant l'hiver, contribuent à l'ornement de nos jardins par l'élégance remarquable de leurs fleurs en cloches d'or veinées de bronze, gracieuse-
ment suspendues au milieu d'un beau feuillage palmé.

Insectes des Abutilons :

LEPIDOPTERES.

Syrichtus Sidæ. Fab. — V. Mauve. La chenille se nourrit
de l'Abutilon.

G. COTONNIER. Gossypium. Linn.

Calicule à trois folioles soudées par la base. Calice cyathiforme,
à cinq dents obtuses. Pétales presque dressés, convolutés.

Les Cotonniers ne sont pas connus, comme les Malvacées pré-
cédentes, pour leurs qualités salutaires, mais ils ont acquis la
célébrité la plus extraordinaire : l'histoire de la substance qu'ils
produisent et de l'industrie qui en a pris naissance s'étend à tous
les siècles et à tous les lieux. Le coton et ses tissus cachent
leur origine dans les profondeurs chronologiques de l'Inde, de
cette terre merveilleuse, où d'après Hérodote, une plante portait,
au lieu de fruits, de la laine d'une qualité plus belle et meilleure
que celle des moutons; où, suivant Strabon, la laine croissait sur
les arbres, et où les Joncs produisaient le miel sans le secours des
abeilles.

Les Indiens apprirent à filer et tisser le coton, et, quoique sans
le secours de nos machines les plus perfectionnées, ils surpassent
encore aujourd'hui la perfection de quelques uns de nos produits,
grâce à leur patience, à leur dextérité et à la finesse extrême de
leurs doigts.

C'est ainsi que de Mazulipatam, de Moussoul, de Calicut, sor-
taient ces étoffes remarquables par leur mollesse ainsi que par
leur blancheur, dont les prêtres Egyptiens portaient des vêtements

auxquels ils attachaient un grand prix. Au commencement de l'ère chrétienne, le coton pénétra dans la Grèce et en Italie. Les Arabes transportèrent la culture des Cotonniers et l'industrie du coton dans tout le nord de l'Afrique, et de là en Espagne. Pendant que cette transmission s'opérait de l'Inde vers l'Occident, il paraît qu'elle se faisait également vers l'Orient et qu'elle parvenait en Amérique, à moins que l'on admette que le coton y ait eu un berceau particulier. A l'époque de la découverte du Nouveau-Monde, l'industrie cotonnière était parvenue à un haut degré de perfection au Mexique; de beaux tissus firent partie des présents que Fernand Cortez envoya à Charles-Quint.

Cependant cette industrie qui etait successivement parvenue a toutes les parties de l'Europe, était restée simplement manuelle, lorsque nous lui vîmes, presque de nos jours, prendre un essor inouï, dû aux plus ingenieuses applications de la mécanique, et operer toutes les merveilles écloses à Manchester. La Mule-Jenny et la machine à vapeur ont accompli le prodige le plus éclatant que présentent les annales de l'industrie.

Insectes observés sur les Cotonniers :

COLEOPTÈRE.

Apate monachus. Linn. — V. Tilleul. Sous les vieilles écorces

ORTHOPTÈRE.

Gryllus campestris. Linn. — V. Ciste. Sur les racines.

HÉMIPTÈRE.

Kermès gossypii. — V. Tamarisc.

LÉPIDOPTERE.

Noctua subterranea. — C'est probablement une Agrotis, et peut-être l'*A. segetum* dont la chenille dévore les racines de toutes plantes

Noctua gossypii (1).

---

(1) Cet insecte, ainsi que les précédents sont mentionnés comme ennemis du Cotonnier, à l'article ce cet arbre, Dictionnaire d'Orbigny

GRUINALES. Gruinales. Bartl.—Pétales hypogynes ou subpérigynes. Étamines en nombre défini. Ovaires au nombre de trois à cinq , inadhérents.

Cette classe n'est pas considérable, mais elle renferme l'un des végétaux les plus précieux pour l'homme, qui soient sortis des mains du Créateur : le Lin. Elle nous intéresse encore en charmant nos yeux par les fleurs de la multitude de Geraniums et d'Oxalides qui occupent un rang si distingué en horticulture.

Le nom de la classe, comme celui de Geranium , fait allusion au bec de Grue dont le fruit prend la forme.

FAMILLE.

OXALIDEES. Oxalideæ. De Cand.

Ovaires cinq, connés ; ovules en nombre indéfini, superposés.

G. OXALIDE. Oxalis. Linn.

Calice cinq parti. Pétales cinq , onguiculés, très obtus. Etamines dix, insérées à un court réceptacle, cinq plus grandes. Ovaires à cinq loges de un à douze ovules.

Des nombreuses espèces d'Oxalides , la plupart exotiques , une seule , indigène, offre de l'intérêt par ses propriétés apéritives, rafraîchissantes, anti-scorbutiques. L'acidité de ses feuilles l'a fait employer aux mêmes usages culinaires que l'Oseille , et c'est à elle que nous devons l'oxalate de potasse , connu sous le nom de sel d'Oseille. Elle est si connue, si commune, qu'elle porte un grand nombre de noms populaires tels que Surelle, Oseille de Pâques, Alleluia, à cause de l'époque de la floraison, Trèfle aigre, Herbe de Bœuf, Pain de Coucou. Quant au nom grec Oxalis , comme il a donné naissance à celui d'Oseille, il a été détourné de son acception propre en étant appliqué aux plantes qui le portent aujourd'hui.

Les Oxalides sont d'une complexion très-sensible . très-excitable ; non seulement les fleurs ne s'épanouissent qu'aux rayons du soleil , mais , lorsque le ciel est couvert , les folioles se plient dans leur longueur et se rabattent sur le pétiole commun, et, dans les temps orageux , les feuilles s'agitent aussitôt que la main s'en approche.

Insectes des Oxalides :

COLÉOPTÈRE.

Phytonomus Oxalis. Herbr. — Ce Curculionite vit sur l'Osurelle.

FAMILLE.

LINÉES. Lineæ. De Cand.

Ovaires trois à cinq , connés , renfermant chacun deux ovules. Perisperme nul ou très-mince.

G. LIN. Linum. Linn.

Calice cinq parti , persistant. Sepales indivisés Pétales cinq, étamines cinq. Ovaire ordinairement à cinq loges incomplètement biloculaires, biovulées.

Après le Blé qui nous nourrit , il n'est pas de plante plus utile que le Lin qui nous revêt. Aussi haut que nous remontions les siècles primitifs, nous retrouvons le Lin en usage ; chez les Égyptiens, chez les Celtes, l'art de le convertir en toile a été perfectionné suivant les progrès de la civilisation. A Rome, sous les Empereurs, on en faisait des tissus d'une telle finesse que Pétrone les appelle des nuages de lin. Malgré la haute opinion que cette hyperbole nous donne de l'industrie linière chez les Romains , nous doutons qu'elle atteignît la délicatesse de nos gazes , de nos dentelles, de nos linons ; et il existe une branche de cette industrie qu'ils ne possédaient certainement pas . c'est la filature du lin à la mécanique, ce problème dont la solution semblait braver la puissance humaine, et que notre Girard a eu la gloire de résoudre. Pourquoi faut-il que ce merveilleux perfectionnement ait porté une perturbation dans le travail des femmes en rendant improductifs leurs fuseaux et leurs quenouilles?

Le Lin a bien aussi son importance en médecine. La graine en est éminemment propre , par le mucilage doux et abondant qu'elle contient, à calmer les organes irrités, à combattre l'inflammation du sang.

Le Lin n'est pas seulement une plante textile et médicinale, mais encore oléagineuse et, à ce titre, extrêmement utile dans l'économie domestique et les arts. L'huile de Lin alimente la lampe qui éclaire nos veilles ; nous lui devons la peinture à l'huile qui, depuis Jean Van Eick, a produit tant de chefs-d'œuvre. Enfin, ce sont les débris des tissus de Lin qui se transforment en papier dépositaire de nos pensées et de nos sentiments.

Insectes du Lin :

COLÉOPTÈRES.

Psyllioides chrysocephala. Fab. — V. Chou. Ces insectes pullulent au point de détruire des récoltes entières, si on ne leur oppose pas d'obstacles. Les cultivateurs du canton de La Ventie, arrondissement de Béthune, qui cultivent en grandes quantités le Lin tardif, dit de Mai, ne parviennent à soustraire leurs semailles à la voracité de ces Altises, qu'en convenant entre voisins de semer le même jour. Il en résulte que ces insectes, disséminés sur des espaces considérables ne produisent qu'un effet insensible, tandis qu'ils dévorent tout lorsqu'ils se réunissent sur des semis isolés.

LÉPIDOPTÈRES.

Eupithecia linaria. B. D. — Tamarisc.

FAMILLE.

GERANIACÉES. Geraniaceæ. Juss.

Ovaires cinq, distincts, biovulés, attachés autour d'un axe central. Graines dépourvues de périsperme.

G. GÉRANIUM. Geranium. Linn.

Calice cinq parti. Segments presqu'égaux, aristés. Pétales cinq, obtus, onguiculés, égaux, hypogynes. Etamines dix, toutes fertiles, presque libres.

Les Géranium, en y comprenant les Erodium et les *Pelargo-*

nium, qui en ont été détachés, se recommandent généralement par la beauté de leurs fleurs , l'ampleur des corolles, la vivacité des couleurs. Les derniers surtout jouissent d'une faveur qui s'étend depuis l'échoppe du savetier jusqu'aux splendides collections de l'opulent horticulteur. Ils se singularisent comme les Bruyères , en offrant un très grand nombre d'espèces appartenant presque toutes au Cap de Bonne-Espérance. M. Sweet en a décrit près de 700. A la vérité , il est permis de croire qu'il s'y trouve de nombreuses variétés. L'art de produire des hybrides par des géné-rations artificielles , enrichit indéfiniment l'horticulture, mais déconcerte la science.

Les *Géranium* proprement dits sont moins connus par leur beauté que par les propriétés médicales qui leur sont attribuées Les vertus astringentes , vulnéraires et résolutives de l'Herbe à Robert surtout, ont une réputation qui remonte à l'antiquité , mais elles sont contestées , comme tant d'autres, de nos jours. Si l'on remonte à l'origine du nom de Robert porté par cette plante, dès le XVI.e siècle , il dérive probablement de *rubra , ruberta* , à cause de la couleur rouge de sa tige , de ses feuilles et de ses fleurs.

Insectes des Géranium :

COLEOPTÈRES.

Ceutorhynchus geranii. Payk. — V. Bruyère.
Limnobius dissimilis. Gyll.—Il vit sur le G. pratense. Walton.

HÉMIPTÈRE.

Alydus geranii. L. Duf. — Cette Cimicide vit sur les Ger.

LEPIDOPTÈRES.

Lycœna eumedon. Esp. — V. Baguenaudier. M. Bellier de la Chavinerie l'a trouvé dans les ravins où croît un Geranium dont la fleur paraît avoir beaucoup d'attrait pour ce papillon , et dont la feuille sert , sans doute , de nourriture à sa chenille.

Clisiocampa castrensis. Linn. — V. Pommier.

Orthosia urticæ. Linn. — V. Houx.

Heliotbis marginata. Fab. — V. Coudrier. La chenille vit le G. pratense. Freyer.

Plerophorus acanthodactylus. Hubn. — V. Rosier. La chenille vit sur le G. robertiana. Zell.

G. ERODIUM. Erodium. L'herm.

Calice cinq parti, à segments presque egaux. Pétales cinq, obtus, onguiculés. Etamines dix, presque libres ; les cinq intérieures stériles.

Pour faire allusion aux liens qui ont longtemps uni ce genre au précédent, L'herminier l'a nommé Erodium (Héron), voisin de la Grue. Le type en est l'E. moschatum, si remarquable par son odeur.

Insectes des Erodium :

Limnebius mixtus. Sch. · La larve se développe sur l'*Er. cicutarium*. Walt.

CLASSE.

MALPIGHINÉES Malpighine e. Bartl.

Pétales insérés sur un disque hypogyne. Etamines en nombre défini. Ovaires au nombre de deux ou trois.

FAMILLE.

TROPEOLEES. Tropœoleæ. Juss.

Fleurs irrégulières. Calice éperonné à la base. Péricarpe tricoque.

G. CAPUCINE. Tropæolum. Linn.

Calice cinq-parti, caduc, coloré. Pétales cinq. Etamines huit.

La Capucine, par ses feuilles en forme de parasol, par ses grandes fleurs de couleur éclatante, de forme anormale, par son tempérament frileux qui lui rend les premières gelées mortelles, décèle sa patrie tropicale. Originaire du Pérou, comme la pomme de terre, elle n'est pas devenue moins vulgaire que celle-ci , malgré l'extrême différence de ces plantes dans leurs relations avec nous : l'une nous nourrit, l'autre se borne à nous plaire ; c'est à peine si elle croit devoir joindre à sa beauté l'utilité de ses boutons, de ses jeunes graines, comme les câpres. Fleur du pauvre et du riche, elle tapisse également les murs de la chaumière , le kiosque du jardin paysagiste.

Nous devons à l'aimable fille du grand Linnée la première observation du phénomène phosphorique que présente quelquefois la Capucine, à l'instar de la Fraxinelle. Avant le lever et après le coucher du soleil , elle semble lancer des étincelles que le crépuscule rend visibles.

Insectes des Capucines :

LEPIDOPTERES.

Pieris brassicæ. Linn. — V. Chou. La chenille vit aussi sur la C. commune. Brez.

Pieris rapæ. Linn. — V. ibid.

Melanthia fluctuaria. B. — V. Poirier.

DIPTÈRES.

Notiphila flaveola. Meig. — La larve de cette Muscide mine les feuilles de la C.; la galerie qu'elle y creuse est centrale, oblongue, assez vaste.

Phytomyza geniculata. Macq. — V. Houx. La larve mine les feuilles de la Capucine. Goureau.

Phytomyza flaveola. Meig. — V. ibid. La larve mine les feuilles de la Cap. Elle s'établit ordinairement au centre de la feuille , au point d'où partent les nervures , et se loge sous l'épiderme supérieur. Elle ronge le parenchyme autour d'elle , et agrandit son habitation jusqu'à ce qu'elle ait pris toute la nourriture nécessaire à son développement; puis elle se fixe contre la membrane inférieure et se change en nymphe. Goureau.

FAMILLE.

BALSAMINÉES. Balsaminæ. A. Rich.

Fleurs hermaphrodites, irrégulières. Calice inadhérent ; le plus souvent quatre sépales, disjoints, bisériés, dont l'un en forme de casque. Corolle hypogyne Pétales le plus souvent au nombre de quatre, disjoints, similaires.

Peu de plantes ont été, autant que cette famille, l'objet de controverses entre les botanistes, et cependant, il n'y a en litige que les sépales du calice et les pétales de la corolle. Des hommes éminents dans la science, tels que MM. E. Meyer, A. Richard, Rœper, Kunth, Bernhardi, ont interprété diversement les parties de ces organes. Il en est résulté une incertitude encore existante sur la place que cette famille occupe dans l'ordre naturel, et ce n'est qu'en hésitant que nous les rangeons à la suite des Tropéolées.

G. BALSAMINE. Impatiens Linn.

Fleurs à quatre sépales. Deux pétales. Capsule cinq-loculaire

Ce genre est remarquable surtout par la beauté de l'espèce originaire de l'Inde, importée au XVI.e siècle dans nos jardins où elle brille à côté de la Reine-Marguerite. Comme cette dernière, elle a été perfectionnée par la culture, au point que l'une des variétés porte le nom de Camellia.

Le moment de la maturité des graines détermine chez les Balsamines un phénomène analogue à celui que présentent les Genêts. La capsule qui les renferme s'ouvre avec éclat, ses cinq valves se roulent en spirale et les graines sont lancées au loin. C'est ce qui a valu à la Balsamine les noms d'*Impatiens* et de *Noli me tangere*.

Insectes des Balsamines :

LÉPIDOPTÈRES.

Papilio huntera. Fab. — V. Poirier. Brez.
Deilephila elpenor. Linn. — V. Vigne. Brez.
— porcellus. Linn. — Ibid. Brez.

CLASSE.

TRICOQUES. Tricoccæ. Bartl.

Pétales et étamines hypogynes ou périgynes. Ovaires presque toujours au nombre de trois.

FAMILLE.

EUPHORBIACEES. Euphorbiaceæ. Juss.

Fleurs unisexuelles, quelquefois incomplètes. Etamines subhy-pogynes.

Les Euphorbiacées, seule famille des Tricoques dont nous avons à nous occuper, ne comprennent elles-mêmes, bien qu'elles soient composées de plus de 800 espèces, qu'un fort petit nombre de plantes indigènes. Les autres appartiennent généralement aux régions chaudes du globe, où l'âcreté de leur suc laiteux les rend souvent vénéneuses Plusieurs d'entr'elles sont au nombre des vé-gétaux les plus connus par leurs propriétés nuisibles ou utiles : tels sont le Mancenilier, le Médicinier, le Ricin, le Manioc qui présente à la fois sa sève meurtrière et sa fécule nourricière, le Caoutchouc, dont la gomme est tellement *élastique*, qu'elle se prête aux innombrables applications qu'en fait progressivement l'industrie humaine.

G. MERCURIALE. Mercurialis. Linn.

Fleurs monoïques ou dioïques Calice à trois ou quatre divi-sions Fleurs mâles : étamines ordinairement de huit à douze ; femelles à ovaire didyme.

Des deux Mercuriales indigènes, l'Annuelle que nous trouvons dans toutes nos cultures, a eu, chez les anciens, la destinée la plus brillante, grâce aux vertus qui lui étaient attribuées. Elle avait été découverte par Mercure ; non-seulement ses qualités laxatives et émollientes la rendaient propre à guérir un grand nombre d'affections, mais elle jouissait de la propriété merveil-leuse de donner aux femmes la faculté de procréer les sexes à volonté, c'est-à-dire qu'elles engendraient des garçons en faisant usage de la plante mâle, et réciproquement.

Les modernes ayant dépouillé la Mercuriale de cette précieuse prérogative, mettent même en doute ses qualités médicinales, qui ne sont plus guère reconnues que par les sages-femmes, et comme remèdes de bonnes femmes.

Quant à la Mercuriale vivace que nous trouvons dans les bois , elle est vénéneuse , et l'on ne s'en défie pas assez.

Insectes des Mercuriales :

COLEOPTÈRES.

Apion germari. Walt. — V. Tamarisc. La larve vit et se trans forme dans la tige et surtout aux nœuds de la M. annua , qui s'hypertrophient quelquefois. Perr.

Barynotus carinatus. Mull — Ce Curculionite vit sur la M. annua. Ann de Stettin 1840.

Tropiphorus mercurialis. Fab. — Il vit sur la M. perennis.

Altica cicatrix. Perr. — V. Vigne. La larve se nourrit des feuilles de la M. annua , et l'insecte , parfois , les ronge également. Perr.

LEPIDOPTERE.

Solenoptera meticulosa Linn. — V. Ciste. La chenille vit sur la M. perennis. Brez.

G. TRAGIA. TRAGIA. Plum.

Fleurs monoïques ; mâles : calice tri-parti , etamines deux ou trois ; femelles : calice le plus souvent six-parti. Capsule à trois coques hispides.

Ces herbes, comme les Orties , sont redoutables par les piqures brûlantes que produit l'attouchement des poils dont elles sont hérissées.

Elles nourrissent un Coléoptère :

Curculio tragiæ. Fab. — Brez.

G. EUPHORBE. EUPHORBIUM. Linn.

Involucre commun , caliciforme ou campanule ou turbiné, à quatre ou cinq divisions. Fleurs mâles , nombreuses , composées d'une seule étamine. Femelles solitaires , centrales.

Le genre Euphorbe , qui porte le nom d'un médecin grec , ne compte pas moins de 300 espèces, réparties dans toutes les parties du monde , et qui se présentent sous les formes les plus diverses:

quelquefois sans feuilles, d'autres fois pourvues d'épines, ou affectant la figure d'un cierge, représentant une tête de Méduse, un melon, un cyprès; mais cet étrange Protée conserve l'intégralité de ses caractères organiques, et surtout les propriétés si communes de ses sucs laiteux. Ces derniers sont toujours d'une âcreté extrême, vénéneux ou purgatifs, suivant les doses qu'on en prend. Cette âcreté dans les espèces equatoriales est telle, qu'aux îles Canaries, les baies de l'Euphorbe des pêcheurs, jetées dans les eaux, suffisent pour paralyser le poisson. Parmi les espèces indigènes, l'Epurge et l'Esule tiennent lieu de l'émétique et de l'Ipecacuanha

Insectes des Euphorbes :

COLEOPTÈRES.

Anthaxia inculta Germ. — V. Cerisier.

Malachius marginellus. Fab. — V. Lierre. Il vit sur les Euphorbes. F. Mirmann.

Tomicus euphorbiæ. Kuster.—La larve vit et se transforme dans la tige de l'E. amygdaloides. Perr.

Parmena pilosa. Solier. La larve de ce Longicorne se trouve dans les tiges sèches de l'E. characias. Elle n'y mange pas d'abord toute la moelle; mais elle s'y pratique un chemin tortueux et vit du reste, en revenant sur ses pas. (Sol.)Elle préfère les tiges qui ne sont pas couronnées de fleurs. A l'epoque de ses mues, elle ferme, d'un bouchon composé de la matière ligneuse, les extrémités de l'espace dans lequel elle s'est arrêtée. Muls.

Clytus floralis. Pallas. — V. Erable sycomore. On le trouve pendant l'été sur les fleurs de l'E. gerardiana. Muls.

Oberea erytrocephala. Schr. — V. Chèvrefeuille. Elle vit sur l'E. gerardiana. Muls.

Phytœcia ephippium dulcis. Muls. — V. Vigne.

Dorcadion lineata. Ill. — La larve de ce Longicorne paraît vivre sur l'E. gerard. Muls.

Cryptocephalus morœi. Linn —V. Cornouiller. M. Von Heyden a trouvé les larves dans leurs sacs sur l'E. Epurge (Tithymale.)

Aphthona Euphorbiæ Fab. — V. Ronce. Ann. Stett. 1840.

Aphthona tithymali. B. — Ibid.

Psylliodes chrysocephala. Linn. — V. Chou.

HÉMIPTÈRES.

Stenocephalus nugax. Fab. — Cette Cimicide se trouve sur l'E. cyparissius, en Lithuanie. Gorski.

Alydus calcaratus. Linn. — V. Geranium Sur les E. Burm.

LÉPIDOPTÈRES.

Deilephila esulæ. B. — V Vigne. La chenille vit sur l'E. esula.

Deilephila dahlii. Tr. — V. ibid. Sur les E. pratensis et myrsinites. Rumb.

Deilephila euphorbiæ. Linn. — V. ibid. Les chenilles vivent sur l'E. cyparissius. M. Millière, de Lyon, a fait des expériences qui constatent que ces chenilles sont vénéneuses comme la plante.

Deilephila nycœa. De Prun. - V. ibid. La chenille se nourrit de l'E. esula. Bellier.

Deilephila. Tithymali. B. — V. ibid. Sur l'E. epurge.

Sesa anthriaxiformis. Rumb — V. Groseiller. La chenille se trouve en Corse, sur les feuilles de l'E. myrsinites. Ramb.

Chelonia hebe. Linn. — V. Cerisier. Sur l'E. epurge.

Clisiocampa castrensis. Linn. — V. Pommier. Sur l'E. epurge.

Acronycta euphorbiæ. Fab. — V. Tilleul. Sur l'E. epurge, cyprassus et esula. Hering.

Simyra nervosa. Fab. — V. Saule. Sur l'E. esula. Hering.

Actebia prœcox. Linn. — La chenille de cette Noctuélite est lisse, à tête globuleuse. Elle vit sur l'E. cyparissus et s'enfonce dans la terre sans former de coque.

Cucullia scrophulariæ. Ramb. — V. Lychnis. La chenille vit sur l'E. epurge.

Abrostota urticæ. Hubn. — La chenille de cette Noctuelide est moniliforme, à tête petite et plate, à onzième segment relevé en bosse. Elle vit sur l'E. characias et se renferme dans une coque de soie placée entre des feuilles.

Menoa euphorbiaria. H. — La chenille de cette Phalénide est hérissée de poils courts et renflée dans le milieu. Elle vit sur les Euphorbes et se renferme dans un léger cocon.

Sericoris euphorbiana. Zell. — V. Bruyère.

Micropteryx paykullella. Fab. — V. Cornouiller. Il vit sur les fleurs de l'E. characias.

DIPTERES.

Cecidomyia euphorbiæ. — Loew. V. Groseiller. Elle vit dans les feuilles déformées de l'E. cyparissius.

Xestomyza chrysanthemi. Meig. — Ce Bombylier recherche aussi les fleurs d'une Euph. L. Duf.

Agromyza pusilla. Meig.—V. Blé. La larve mine les feuilles de l'E. cyparissius, dans lesquelles elle creuse une galerie oblongue, irrégulière, assez vaste. Gour.

CLASSE.

TEREBINTHINÉES. Terebinthineæ. Bartl.

Pétales et étamines hypogynes ou subpérigynes. Ovaires disjoints ou conjoints.

Voyez les arbres et arbrisseaux.

FAMILLE.

ZYGOPHILLEES. Zygophylleæ. Rob. Br.

Pétales et étamines hypogynes. Carpelles connés jusqu'au sommet, à deux ou nombreux spermes, s'ouvrant presque toujours à la face externe,

G. FABAGELLE. Zygophyllum. Linn.

Calice cinq-parti. Lanières inégales. Pétales cinq. Étamines dix. Ovaire cinq-loculaire. Péricarpe à loges non cloisonnées en dedans.

Ces plantes qui sont répandues en Asie, en Afrique et en Amérique, sont à peine représentées en Europe par une herbe de la Russie méridionale qui nourrit un Lépidoptère.

Deilephila zygophylli. H. — V. Vigne.

G. TRIBULE. Tribulus. Linn.

Péricarpe à loges indéhiscentes en dehors, divisées en dedans par des cloisons.

Suivant M. Barèze, de Marseille, le *Tribulus terrestris* nourrit la larve d'un Coléoptère :

Rhynocyllus lareynii. Jacquelis. Duval.

FAMILLE.

RUTACEES. Rutaceæ. Bartl.

Pétales hypogynes, onguiculés. Carpelles connés, polyspermés, s'ouvrant par la suture interne.

G. RUE. Ruta. Linn.

Calice court, de quatre divisions. Pétales quatre. Etamines douze. Ovaires quatre.

La Rue, qui croît spontanément sur les montagnes de l'Europe méridionale, est caractérisée par sa saveur amère, nauséabonde, par son odeur fétide, pénétrante; les sucs en sont caustiques, brûlants. Elle est un poison violent ; elle fait commettre de coupables avortements ; tout semble devoir nous repousser loin d'elle, et cependant elle était en possession, dès une haute antiquité, d'une grande réputation d'utilité, sous plusieurs rapports. En médecine, elle était employée contre une multitude de maladies; elle aiguisait la vue, elle guérissait de la morsure des serpents ; sa sève, le croirait-on, répandue sur les chats, leur ôtait la faculté de dévorer les jeunes poulets (Dioscoride). Les anciens en faisaient aussi un grand usage comme assaisonnement, soit à l'état de graine, soit à celui d'herbe fraîche ou desséchée.

L'emploi de cette plante est fort restreint aujourd'hui ; nous en redoutons les dangers plus que nous n'en espérons les bons effets; cependant elle entre dans la composition du vinaigre des quatre-voleurs. Sous le rapport culinaire, on la mange en salade dans quelques parties de l'Italie et du nord de l'Europe. Les Napolitaines en portent de petits bouquets pour se préserver du mauvais air.

La floraison de cette plante présente de l'intérêt : les étamines, au nombre de huit, forment un angle droit avec le pistil et sont renfermées deux à deux dans la concavité de chaque pétale. Lors de la fécondation, elles se redressent successivement, posent leurs anthères sur le stigmate, s'en éloignent ensuite et reprennent leur position première.

Insectes des Rues :

COLÉOPTÈRE.

Apion civicum. Germ. — V. Tamarisc.

LÉPIDOPTÈRE.

Papilio machaon. Linn. — La chenille vit sur la Rue.

CLASSE.

CALOPHYTES. CALOPHYTÆ. Bartl.

Pétales et étamines périgynes. Ovaires disjoints ou plus ou moins conjoints, le plus souvent solitaires. Styles libres, en même nombre que les ovaires.

Voyez les arbres et arbrisseaux.

FAMILLE.

SPIREACEES. SPIREACEÆ. Loisel

Lobes calicinaux à estivation imbricative. Ovaires en nombre défini, inadhérents.

G. SPIRÉE. SPIRŒA. Linn.

Tube calicinal, subcampanulé. Limbe à lobes étalés. Pétales, cinq. Etamines de seize à cinquante (ordinairement vingt). Ovaires de cinq à quinze.

Voyez les arbres et arbrisseaux.

Nous nous sommes occupé des Spirea ligneux. Nous devons dire un mot des espèces herbacées ; nous ne pouvons passer sous silence la Barbe-de-Chèvre, la Filipendule, la Reine-des-Prés, dont le port, la beauté, la grâce les ont fait passer des prairies dans les jardins ; la dernière surtout, l'Herbe aux Abeilles, qui domine toutes les plantes autour d'elle, dont les amples et légers fascicules couronnent la tête et que l'horticulture embellit encore en doublant la fleur et en la colorant du rose le plus tendre.

Insectes des Spirées :

COLÉOPTÈRES.

Hoplia argentea. Fab.—Sur les fleurs du Sp. ulmaria.Schmidt.
— squamosa. Fab. — V. Ibid. Ibid.

Leptura 4 maculata. Gill. — Sur le Spiræa aruncus. Kriechbaumer.

Chrysanthia viridissima. Lin. — Sur le Spiræa ulmaria. Schmidt.

Cryptocephalus cordiger. Linn. — Sur le Spiræa filipendula Hornung

Micropteryx aruncella. Scop. — Sur le Spiræa aruncus. Sur les Alpes. Zeller.

Cerambyx cerdo. Fab. —Spiræa. Mulsang.

Aphis onobrychis. Fam. C. — Sur le Sp. ulmariæ. Kalt.

Obrium brunneum. G. l. B. — Il vit sur le Spiræa aruncus , Kriechbaumer.

HÉMIPTÈRE.

Cicada arunci. Linn. — Sur les Spirées , dans la Carniole. Br

LÉPIDOPTÈRES.

Sphynx ligustri. Linn. — La chenille vit aussi sur les Spirées.
Smerynthus ocellata. Linn. — Id. Br
Zygœna filipendula. Linn. — Id.
Bombyx quercûs. Fab. —Id.
Lusiacampa quercifolia. Fab. — Id.

DIPTÈRE.

Cecidomyia ulmaria. Fairmaire. — La larve mine les feuilles du Spiræa ulmaria.

FAMILLE.

DRYADÉES.

G. FRAISIER. Fragaria. Linn.

Calice quinquefide. Segments alternant chacun avec une

bractée; tube concave. Pétales cinq. Étamines et ovaires en nombre innombrable.

La Fraise est à nos yeux le fruit qui réunit le plus de titres pour nous plaire : elle flatte nos sens, elle nous charme par la saison où elle mûrit , par les lieux où elle croît spontanément ; elle nous inspire un grand intérêt par toutes ses qualités salutaires. La Providence a choisi l'une des plus humbles plantes , l'emule de la Violette , pour en faire un don précieux à l'homme.

Elle flatte ensemble notre vue, notre goût , notre odorat. Sa forme , sa couleur sont celles du bouton de rose; sa saveur, à la fois douce et acide , jointe à son arôme suave , délecte notre palais. Son parfum s'exhale en émanations si fragrantes , qu'elle en a reçu son nom (1) comme de sa qualité la plus éminente.

La Fraise, en mûrissant au printemps, est un des charmes de cette aimable saison ; elle nous délivre de la sterilité de l'hiver , elle commence seule cette riche guirlande continuée par la Groseille , la Framboise, la Cerise , l'Abricot, la Pêche , la Prune, la Poire , la Pomme , le Raisin et tant d'autres qui nous nourrissent , nous rafraîchissent , nous réchauffent de leurs pulpes suaves.

Originaire des bois , elle ne nous paraît jamais plus parfumée, plus savoureuse que lorsque nous la cueillons en parcourant la lisière fleurie d'une forêt , en gravissant les flancs boisés d'une montagne; elle nous rappelle alors nos excursions dans les Alpes, les Pyrénées, et tous les souvenirs qui en prolongent encore les charmantes impressions.

Cette Fraise des Alpes , que nous avons savourée dans ses pelouses natives, joint au mérite de ses congénères, celui de donner des fruits jusqu'en automne; elle multiplie ainsi nos jouissances ; elle se place au premier rang par cette prérogative. Le Capron ,

---

(1) Fraise s'écrivait et se prononçait : Frage , Fraga, Fragaria.

l'Ananas, le Wilmot, le Queenberry, le Goliath la surpassent en volume, mais la Fraise des Alpes nous rend, en septembre, son parfum printannier.

La Fraise, qui nous procure tant de jouissances, n'est pas moins prodigue de bienfaits salutaires : elle est, comme aliment, un moyen puissant pour combattre plusieurs maladies, telles que la phthisie pulmonaire, le scorbut; c'est en faisant un usage prolongé de Fraises que Linnée se guérit radicalement de la goutte.

Les anciens ont si généralement connu nos plantes usuelles et leurs propriétés, que nous pouvons nous étonner de la voir méconnue des Grecs et des Romains. Elle est seulement nommée par Pline, sans aucune mention de ses qualités ; mais, dès le moyen-âge, elle fut appréciée à sa juste valeur.

Insectes des Fraisiers :

COLÉOPTERES.

Melolontha vulgaris. Linn. — V. Erable. Le *Ver blanc* est le plus grand ennemi du Fraisier.

Rhynchites fragariæ. Stev. — V. Vigne.

Anthonomus rubi. Fab. — V. Sorbier. Sous le nom vulgaire de Lisette, il cause de grands dégâts parmi les Fraisiers, dont il coupe les hampes.

HÉMIPTERE.

Coccus fragariæ. Linn. — V. Tamarisc. Il sert à teindre en Sibérie. Br.

LEPIDOPTÈRES.

Psyche stettinensis. Her. — La chenille vit sur le Fraisier.

Noctua bella. Linn Id.

— brunnea. Fab (Fragariæ). Bork. — Id.

— fascelina. Fab —Id.

Glœa rubricosa. Fab. —Id. La chenille de cette Noctuélide est rase, veloutée, à tête moyenne, subglobuleuse. Elle s'enterre avant de se transformer.

Mecoptera serotina. Ochs. La chenille de cette Noctuélide est rase, un peu atténuée antérieurement, de couleurs sombres. Elle vit sur le Fraisier, se cachant pendant le jour, et s'enterre peu profondément avant de se transformer.

Agrotis segetum. Linn. — V. Bruyère. La chenille dévore les racines des Fraisiers et commet de grands dégâts.

Incurvaria praclatella. W. W. — V. Groseiller. La chenille vit sur la surface inférieure des feuilles du Fraisier. Zeller.

G. POTENTILLE. Potentilla. Linn.

Calice persistant, évasé, ordinairement à cinq divisions, alternant chacune avec une bractée adnée au sommet du tube. Pétales cinq. Etamines et ovaires en nombre indéfini. Réceptacle sec.

Les Potentilles, au nombre de plus de 200 espèces, ne diffèrent guère des Fraisiers que par le réceptacle de leurs fruits, qui est sec au lieu d'être succulent. Aussi Pline place-t-il ces derniers parmi les premières. Il ne dit pas un mot du fruit du Fraisier, qui était entièrement inconnu, et il exalte toutes les vertus médicales de la Potentille, dont on se servait, même pour chasser les malins esprits. Par un revirement de fortune, les rôles sont changés : la Fraise a pris rang parmi les meilleurs fruits et la Potentille est tombée dans un profond discrédit. Ce n'est plus qu'un léger astringent, fort dédaigné ; seulement, dans quelques localités, elle est employée à plusieurs usages domestiques. On mange, comme les Epinards, les jeunes feuilles satinées de l'Argentine dans quelques cantons de l'Ecosse, et l'on y réduit la racine en farine, dont on fait du pain dans les temps de disette. On l'emploie aussi à faire de la bière et elle sert aussi au tannage.

Insectes des Potentilles :

COLÉOPTÈRE.

Sibinia potentillæ. Koch. — V. Orme.

HÉMIPTÈRES.

Coccus fragariæ. Linn. — V. Tamarisc.

— prolonicus. Linn. — Il se trouve sur les racines de la Tormentille, genre très voisin des Potentilles.

LEPIDOPTÈRE.

Coleophora ochrea. Haworth. — V. Tilleul. Les fourreaux des chenilles se trouvent sur le Potentilla argentea. Zell.

G. COMARUM. Comarum. Linn.

Le Comarum, voisin des Fraisiers, est une plante rampante dont les fleurs pourpres forment de beaux corymbes au sommet des rameaux.

Insectes du Comarum :

COLEOPTÈRES.

Phytobius comari. Panzer. — V. Groseiller.

Donacia sericea. L. — V. Potamogéton. Sur le C. palustre. Suff.

G. BENOITE. Geum. Linn.

Calice cinq fide. Petales cinq. Etamines et ovaires en nombre indéterminé. Styles terminaux, continus, géniculés, persistants.

La Benoite, la Bénite, l'herbe Saint Benoit, la Galiote, la Récise, dont la racine, l'odeur de Girofle, a été pendant des siècles le plus puissant des fébrifuges, a dû céder le premier rang au sulfate de quinine; mais elle guérit encore l'homme des champs, le soldat de nos armées, heureux de l'avoir partout sous la main.

Insectes de la Benoite :

COLÉOPTÈRE

M. Perris a observé que les graines de la Benoite nourrissent une larve de Nitidulaire, qui, adulte au mois de juin, s'enfonce dans la terre pour se métamorphoser. Il n'a pu obtenir l'insecte parfait qui pourrait bien être le *Byturus tomentosus*.

LÉPIDOPTÈRES

Noctua baja. Fab. — La chenille vit sur le *Geum urbanum*. Freye.

Incurvaria prælatella. W. W. — V. Groseiller. La chenille vit sur la surface inférieure des feuilles du *G. urb*.

Pterophorus didactylus. Linn. — La chenille vit sur le *G. rivale*.

G. ALCHEMILLE. Alchemilla. Linn.

Calice quadrifide. Corolle nulle. Étamines quatre. Ovaires deux, insérés au fond du calice. Styles latéraux, caducs.

Cette plante, qui doit son nom à Linnée, par allusion aux alchimistes qui en ont fait la réputation, est astringente et vulné-raïie, mais ces propriétés n'ont pas la puissance qui leur a été longtemps attribuée, celle surtout

De réparer des ans l'irréparable outrage

Connue en France sous le nom vulgaire de Pied-de-Lion, l'Alchemille porte en anglais celui de *Ladiesmantle*, en allemand celui de *Frauenmantel*, Mantelet de Dames, de ses feuilles plissées avec beaucoup d'élégance.

Insectes de l'Alchemille :

COLÉOPTÈRE.

Phyllobius viridicollis. Fab. — V. Poirier. Il vit sur l'*Alch. vulgaris*. Walter.

LÉPIDOPTÈRES.

Clisiocampa castrensis. Linn. — V. Pommier. La chenille vit sur l'*Alch. vulg.* B.

Melanippe alchemillaria. B. — V. Bouleau. Ibid.

SOUS-CLASSE.

LEGUMINEUSES. Leguminosæ. Juss.

Fleurs ordinairement irrégulières. Calice libre. Etamines le plus souvent au nombre de dix, fréquemment monadelphes ou diadelphes. Les graines renfermées dans une gousse ou un légume ; les feuilles presque toujours composées.

Ce groupe, très-naturel, composé de trois familles, les Mimosées, les Césalpinées et les Papilionacées, est non-seulement l'un des plus considérables, mais en même temps des plus importants et des plus beaux du règne végétal. Il nous inspire un haut intérêt par les substances qu'il fournit à notre alimentation, à la médecine, aux arts et à l'industrie. Il nous charme par la beauté des fleurs ; il excite notre admiration par les phénomènes les plus étonnants de l'excitabilité végétale qui semblent participer de l'instinct animal. Aussi l'a-t-on considéré quelquefois comme le plus avancé en organisation.

Le nom de ce groupe indique les aliments, si abondants en principes nutritifs, qui, sous une grande diversité de formes, de saveurs, flattent la sensualité du riche, et apaisent la faim du pauvre. Nous lui devons aussi en grande partie les aliments de nos bestiaux. Les plantes fourragères, telles que le Trèfle, la Luzerne, le Sainfoin, non-seulement nourrissent et engraissent nos chevaux, nos bœufs, nos moutons, mais elles sont d'une utilité immense en agriculture ; elles suppriment la jachère, améliorent le sol par l'azote dont elles l'enrichissent ; elles multiplient les troupeaux et les engrais ; elles constituent ainsi, en grande partie, le pâturage, la deuxième mamelle de l'État.

Les substances que les Légumineuses fournissent à la médecine ne sont pas moins importantes, moins diversifiées. Depuis l'humble et douce Réglisse qui, dès Hippocrate, jouissait de son inébranlable popularité, jusqu'à la Casse et au Séné qui, plaisanterie à part, purgent le genre humain dès l'arabe Avicenne (1), la Casse qui prolongea les vieux jours de Voltaire, en agissant avec douceur sur les entrailles irritées du vieillard atrabilaire, combien d'autres produits salutaires ne leur devons-nous pas ? Tous les baumes du Pérou (2), de Tolu (3), de Copahu (4), qui opposent leurs nombreuses vertus à chacun de nos maux ; le Cachou (5), la Gomme Kino (6), la résine Sang Dragon (7), et tant

---

(1) Nec fuit Hippocrati, nec Cassia nota Galena ;
  Ad medicum sed primus arabs hanc attulit usum.   Posth.
(2) Qui découle du Myroxylon peruvianum.
(3) Produit par le Myroxylon toluiferum.
(4) Par le Copaifera.
(5) Par l'Acacia catechu.
(6) Par le Drepanocarpus senegalensis.
(7) Par le Pterocarpus Draco.

d'autres medicaments que nous fournissent les **Sophora** , les **Anthyllis** , les **Arachis** , les **Astragales**.

L'industrie et les arts doivent aux Légumineuses des substances et des matériaux non moins précieux. L'ebénisterie leur emprunte les bois de Palissandre , de Rose (1), d'Amaranthe, l'Ebène du Bresil (2). Plusieurs matieres colorantes en proviennent également : le bois de Campêche (3) , de Fernambouc (4), de Santal (5) , et surtout l'Indigo (6) , déjà connu de Pline , et dont l'usage . l'utilité , sont si répandus. L'un de nos plus beaux vernis , le Copal , leur appartient encore (7).

A tous ces titres , à l'intérêt qu'elles nous inspirent , les Légumineuses joignent souvent la beauté. Les fleurs des Papilionacées, symétriques dans leur irrégularite , reproduisant la jolie forme à laquelle elles doivent leur nom ; l'éclat et la diversité de leurs couleurs , leurs agglomérations en bouquet , en panache , en couronne, les parfums suaves qu'elles exhalent souvent, les mettent en possession du don de plaire et d'une grande place dans nos jardins. Le faux Acacia , le Cytise des Alpes , la charmante Glycine, le Clianthus, l'Erythrine, et une multitude d'autres décorent nos parterres. Si l'imagination nous transporte dans l'Inde , nous y admirons la fleur de l'Agaté , grande comme les papillons gigantesques des Moluques , et dont la corolle est successivement blanche , jaune , rose et pourpre. Chez les Birmans, notre admiration éclate en transports a la vue de l'Amherstia , grand arbre , dont les fleurs se groupent en pyramide inclinée ,

---

(1) Dalbergia latifolia.
(2) Melanoxylon Brauna.
(3) Hœmatoxylon cumpechianum.
(4) Cœsalpinia ochinata.
(5) Plerocarpus santalinus
(6) Indigofera.
(7) Il est produit par l'Hymeniau verrucosa.

longue d'un mètre à un mètre et demi de circonférence à sa
base, et dont chacune d'elles, grande comme la main, présente
le pédoncule, les bractées, le calice et la corolle teints de l'écar-
late le plus brillant, tandis que l'étendard offre un disque blanc,
dont le sommet est orné d'une tache jaune bordée d'un cercle
pourpre. Cette gloire du règne végétal a été découverte par
M. Wallich, dans l'empire des Birmans, près de la ville de Mar-
taban. Les fleurs en sont chaque jour portées en offrande à
Bouddha.

A côté des beautés que présentent les Légumineuses, se trouvent des singularités, se produisent des phénomènes bizarres. Le
Nam-nam (1) des Moluques est un arbre dont le tronc semble
une agglomération de plusieurs arbres ; les racines, arquées et
noueuses, s'élèvent au-dessus du sol et s'entrelacent d'une manière extraordinaire. Le feuillage, lorsqu'il commence à se développer, est d'un rouge vif ; les fleurs naissent par paquets et couvrent de gros tubercules épars sur toute la surface du tronc,
même sur les racines, et presque jamais sur les branches.

Deux genres de Papilionacées : les Piscidies et les Tephrosies
possèdent l'étrange faculté d'enivrer, de stupéfier le poisson. Les
habitants de la Jamaïque l'utilisent en jetant dans les eaux douces, les feuilles broyées, les écorces, les racines de ces plantes,
pour produire cet effet et prendre à la main les malheureux pois-
sons, à l'exception des anguilles qui échappent à cette sorte
d'ivresse, sans doute en se tenant profondément enfoncées dans
la vase.

C'est enfin, chez les Légumineuses que se manifestent les
effets les plus remarquables de l'excitabilité végétale. La Sensi
tive, aimable emblème de la pudeur, abaisse ses feuilles, relève
ses folioles à la moindre cause extérieure qui la met en émoi. Elle
a été l'objet des expériences les plus délicates qui n'ont fait que

(1) Cynometra cauliflora.

mettre dans un plus grand jour son extrême sensibilité. Le Sainfoin animé, *Hedysarum gyrans*, est agité par des mouvements plus prononcés encore, continus, rapides, saccadés, et d'autant moins expliqués qu'ils ne sont provoqués par aucun stimulant extérieur; aussi la physiologie végétale n'a-t-elle pu encore pénétrer ce mystère.

Les insectes qui vivent sur les Légumineuses sont assez nombreux et quelquefois redoutables par leur extrême multiplication. Parmi les Coléoptères, les Charençons en infestent les graines; les Bruches surtout attaquent les Fèves, les Pois, les Lentilles, et nous causent parfois de grands dommages. Les Apions, dans leur petitesse, sont plus en harmonie avec nos plantes fourragères, et leurs larves se développent dans les menues graines des Trèfles, des Luzernes des Mélilots et y montrent beaucoup d'instinct. Quant aux Lépidoptères, les Zygœnes paraissent les mieux appropriés à nos Légumineuses usuelles, dont la plupart en nourrissent une espèce.

FAMILLE.

PAPILIONACEES. Papilionaceæ. Linn. — Corolle perigyne, papilionacee. Ovaire ordinaire, inadhérent. Embryon curviligne.

Voyez les arbres, page 162.

TRIBU.

LOTÉES. Loteæ. De C.

Étamines monadelphes ou diadelphes. Légume non articulé, ordinairement uniloculaire. Cotyledons planes.

SECTION.

GENISTEES. Genisteæ. De C

Légume uniloculaire subovoïde. Étamines le plus souvent monadelphes.

G. BUGRANE. Ononis. Linn.

Calice campanulé, à cinq lanières linéaires. Etendard grand, strié. Étamines monadelphes. Légume comprimé ou bouffi.

La principale espece, l'Arrête-bœuf, a été longtemps considérée comme très-utile en médecine. Théophraste, Dioscoride, Pline et les modernes jusqu'à nos jours exclusivement lui reconnaissaient diverses propriétés, telles que de guérir de la pierre ; elle était une des cinq racines apéritives, avant que la supériorité du Chien dent ait été reconnue et qu'elle ait fait renoncer aux autres. La seule utilité qui soit restée à la Bugrane est dans ses pousses que l'on mange en asperges dans quelques lieux. Mais cet avantage ne compense pas le tort que fait cette plante à l'agriculture en envahissant les pâturages et les champs dans les sols secs et argileux. Aussi les bons cultivateurs s'efforcent-ils de l'extirper, et ils y parviennent par la persévérance et par l'amélioration du sol.

Un autre préjudice que la Bugrane leur cause, c'est d'entraver le labourage par ses racines longues et tenaces qui résistent aux efforts de la charrue, d'où lui est venue le nom d'Arrête-bœuf. Parmi les noms latins qui lui ont été donnés est celui de *remora aratris* qui présente le même sens en employant le nom du petit poisson auquel les anciens attribuaient la puissance d'arrêter les vaisseaux.

Insectes des Bugranes :

COLÉOPTÈRES.

Apion Varipes. Germ. — V. Tamarisc. La larve se nourrit de la graine de la Bugrane épineuse et subit ses metamorphoses dans les gousses.

Apion ononidis. Kirby. — Ibid. Sur la B. rampante.

Sitona grisea. Fab. — V. Houx. Sur la B. arenaria. Jacquelin Duvel.

Otiorhynchus humilis. Germ. — V. Nerprun. Sur la B. arenaria. J. D.

Tychius striatulus. Sch. — V. Spartier. Sur la B. arenaria.

Clytus trifasciatus. Fab. — V. Erable sycomore. Sur la B. pinguis. Muls

HÉMIPTÈRES.

Aphis ononidis. Kaltenb. — V. Cornouiller. Sur la B. spinosa.
— onobrychis. Fons Col. — Ibid. Sur la B. rampante.

LÉPIDOPTERES.

Lycœna Alexis. Fab. — V. Baguenaudier. Sur la Bugrane. Brez.

Heliothis ononis. Fab. — V. Coudrier. Sur la Bugrane. Guénée.

Fidonia ononaria. Borkh. — V. Marronier.

Gracillaria Ononiella. Zell. — V. Erable. Sur la B. spinosa.

Pterophorus phaeodactylus. Zell. — V. Rosier. La chenille vit sur les fleurs de la B. repens Speyer.

G. ANTHYLLIDE Anthyllis. Linn.

Calice à cinq dents. Carène, ailes et etendard de longueur presque égale. Étamines monadelphes. Légume ordinairement ovoïde, recouvert par le calice.

L'Anthyllide des Grecs, que nous appelons Vulnéraire, doit ce nom à la vertu que les anciens et les modernes lui ont reconnue. Elle a cessé d'être employée, si ce n'est comme partie intégrante du Faltranck ou Vulneraire suisse avec plusieurs autres plantes aromatiques recueillies sur les Alpes (1).

Commune dans les pâturages secs, la Vulnéraire est une bonne plante fourragère. Arthur Young a même recommandé de la cultiver comme telle.

La floraison de cette plante presente, suivant M. Dumont de Courset, un phénomène singulier. Toutes les tiges sont alors couchées et étendues sur la terre, elles commencent à se relever en-

(1) Ces plantes sont l'*Achillæa moschata*, l'*Artemisia mutellina*, l'*Hyssopus officinalis*, *Teucrium montanum*, *Thymus alpinus*, l'*Asperula adorata*, la *Melissa calamentha*, la *Sanicula europæa*, la *Veronica officinalis*, l'*Arnica montana*, le *Geum montanum*, le *Gnaphalium divinum*, la *Scabiosa columbaria*, le *Spiræa ulmaria* et la *Viola calcarata*.

suite et sont entièrement redressées lorsque les fleurs sont en graines.

Insectes des Anthyllides :

COLÉOPTÈRES.

Tychius schneideri. Suff. — V. Spartier. La larve vit dans le calice gonflé de l'A. vulneraria. Suff.

Cryptocephalus bucephalus. Linn. — V. Cornouiller. Brez.

LÉPIDOPTERES.

Zygœna anthyllidis. B. D. — V. Cytise.

Lita anthyllidella. Hubn. — V. Bouleau.

SECTION.

TRIFOLIÉES. TRIFOLIEÆ. Bronn.

Légume uniloculaire. Etamines diadelphes Feuilles trifoliées ou quinque-foliées.

G. LUZERNE. MEDICABO. Linn.

Calice campanulé, quinque-fide. Carène un peu écartée de l'étendard. Légume diversiforme, polysperme, plus long que le calice.

Ce genre comprend un assez grand nombre d'espèces qui se distinguent entre elles surtout par la forme très-diversifiée du légume plus ou moins roulé sur lui-même, de manière à figurer une faucille, une spirale, un barillet, une couronne, une sphère, un cylindre. Parmi ces espèces, la Luzerne arborescente de l'Europe méridionale dispute au Cytise laburnum l'honneur d'avoir été le Cytise chanté par Théocrite et Virgile. La Luzerne cultivée, qu'Olivier de Serres appelait la merveille du mesnage des champs, est la meilleure de nos plantes fourragères, quand on peut la semer dans un sol substantiel et profond, légèrement humide. Sa végétation est si rapide dans les régions méridionales qu'on en fait jusqu'à huit coupes annuelles en Algérie. Tout le monde sait combien le fourrage en est aimé des bestiaux.

La Luzerne lupuline, connue vulgairement sous le nom de

Minette , offre l'avantage de pouvoir être cultivée avec succès dans les terres calcaires , sèches et de médiocre qualité.

Le nom de Luzerne dérive, selon Delobel , du provençal Lauserdo dont le diminutif Lauzerdina aura fait Luzerne. Le nom latin était primitivement *Medica* , provenant de la Médie et introduite en Grece après la guerre contre Darius. (Pline.)

Insectes des Luzernes :

Anogcodes ruficollis. Fab. — V. Spiroea à feuilles de Saule. Il vit sur les Luzernes.

OEdemera notata. Fab. — V. Chêne. Sur les Luzernes.

Melolontha vulgaris. Linn. — Les ravages qu'il cause dans les champs de Luzerne doivent nous détourner de la cultiver près des bois.

Bolboceras mobilicornis. Linn — Ce Lamellicorne vole le soir au-dessus des champs de Luzerne, aux environs de Dijon. A. Rouget.

Thylacites fritillum. Panz.— Ce Curculionite est commun dans les champs de Luzerne. Ghiliani.

Sitonus gressorius. Fab. — V. Houx.

Phytonomus trilineatus. Marsh. — Ce Curculionite vit sur les Luzernes. Walton.

Phytonomus variabilis. Herbst. — Ibid.

Colaspis barbara Fab. — La larve de cette Chrysoméline fait de grands ravages dans les champs de Luzerne du midi de la France et surtout de l'Espagne.

Colaspis atra. — Ibid.

Hyperaspis hoffmanseggii. Muls. — On trouve ce Trimère sur la L. officinale. Mulsant.

LÉPIDOPTÈRES.

Parnassius Apollo. Linn. — V. Sedum Ce papillon vole sur les hauts plateaux couverts de *Sedum*. La femelle descend quelquefois dans le fond des vallées , et se repose sur la Luzerne. Duponc.

Zygœna medicaginis. Hubn. — V. Cytise. Sur la Luzerne.

— ephialtes. Fab. — Ibid.

Euclidia Mi. Linn. — La chenille de cette Noctuelite est lisse, très-allongée, atténuée postérieurement; elle n'a que douze pattes; elle vit sur la Luzerne et se renferme dans un cocon construit avec des parcelles de Mousse. Dup.

Strenia clathraria. Hubn. — La chenille de cette Phalénide est lisse, assez mince. Elle vit sur la Luzerne et se métamorphose à la superficie du sol, dans un tissu lâche, mêlé de grains de terre.

DIPTÈRES.

Cecidomyia loti. Deg. — V. Groseiller. La larve se développe dans les fleurs des L. *falcata* et *sativa*, dont les pétales s'épaississent et s'agrandissent en forme de bulbe. Winn.

Agromyza nigripes. Macq. — V. Blé. La larve mine les feuilles de la Luzerne. Gour.

G. MÉLILOT. Melilotus Tourn.

Calice campanulé, à cinq dents. Carène indivisée. Ailes étalées, plus courtes que l'étendard. Légume plus long que le calice, rugueux , un peu renflé, s'ouvrant au sommet. d'un à trois spermes.

Les Mélilots étaient très-connus des anciens. Homère savait que les bestiaux, et particulièrement les chevaux, en sont très-friands; Dioscoride et Pline leur attribuaient un grand nombre de propriétés médicinales ; ils connaissaient l'odeur suave qu'ils exhalent et l'avidité avec laquelle les Abeilles les recherchent. Ils rapportent aussi que les fleurs en étaient tressées en couronnes, en guirlandes par les jeunes filles de la Campanie.

Selon Lamark, *Melilotus* est formé de deux mots grecs dont l'un signifie miel et l'autre doux. Je croirais plutôt qu'il doit se traduire par Lotus du miel ou des Abeilles.

Le Mélilot officinal, qui abonde dans les prés , dans les champs, paraît être identique suivant Pline, Dioscoride et M. Fée , avec l'espèce de Lotus des Égyptiens, plante herbacée et terrestre, bien différente des deux autres qui étaient un Nymphœa et un Jujubier.

Le Mélilot bleu , indigène en Hongrie et en Bohême, est cultivé en Suisse, au canton de Glaris où il sert à aromatiser le fromage nommé Schabzieger.

Le Mélilot houblon que. les Anglais appèlent Timothy, est la plante fourragère que les chevaux préfèrent à toute autre. Suivant Thiebaut de Berneaud, c'est elle sans doute qu'Homère a en vue quand il parle du soin qu'Achille mettait à le faire recueillir pour ses chevaux.

Insectes de Mélilots :

LÉPIDOPTÈRES.

Zygœna meliloti. Esp. — V. Cytise.
Strenia elathraria. Hubn. — Luzerne.

G. TRÈFLE. TRIFOLIUM. Linn.

Calice subtubuleux, évasé, à cinq dents. Pétales libres ou sou dés, persistants. Carène plus courte que les ailes et l'étendard. Étamines diadelphes. Légume presque indéhiscent, un-quatre spermes.

De cent espèces connues, trois ou quatre sont cultivées. Le Trèfle rouge de Hollande, T. sativum, est la plus précieuse de nos plantes fourragères tant pour l'abondance et la qualité de ses produits que pour son introduction dans les assolements et l'amélioration du sol. La culture n'en est pas ancienne en France, et nous la devons à l'Allemagne où elle reçut son essor de Schoubart qui lui dut son anoblissement et son nom Von Kleefeld (champ de Trèfle.)

Plusieurs espèces se font remarquer par quelques particularités: le Trèfle incarnat, par l'éclat de ses fleurs ; le Fragifère par l'apparence de fraises que prennent ses petites grappes défleuries ; le Trèfle des Alpes a une racine succulente et sucrée qui lui a fait donner le nom de Réglisse de montagne ; le T. souterrain présente un singulier phénomène : ses bouquets, après la floraison , s'enfoncent dans la terre pour la maturation des graines

Les anciens connaissaient les Trèfles sans les cultiver et leur attribuaient diverses propriétés. Pline en mentionne un , qui, à l'approche de la tempête, dresse ses feuilles, se *hérissonne*, comme s'il voulait s'armer contre elle.

Les Trèfles sont recherchés par un grand nombre d'insectes, et particulièrement par les Abeilles qui , cependant, ne peuvent pas prendre de nourriture sur le Trèfle des prés. Les pétales étant soudés par la base, forment un tube allongé , au fond duquel la trompe ne peut atteindre pour puiser le suc des nectaires.

Insectes des Trèfles :

COLÉOPTÈRES.

Apion apricans. Sch. —V. Tamarisc. La larve se tient à la base du calice des fleurons du T. des prés (T. pratense) ; elle ronge la graine qui s'y trouve , et perce un trou sur le côté de ce fleuron pour en sortir; elle se change en nymphe entre les fleurons des capitules.

Apion hookeri. Kirby. — Ibid. Sur le T. des prés. Walton.

— varipes Garm. — Ibid. Sur le T. des prés. W

— flavipes. Fab. — Ibid. Sur le T. rampant.

— trifolii. Linn. — Ibid Sur les T. des prés et des mon tagnes. Walt.

— tenax. Kirby. — Ibid. Sur le T. officinal.

— meliloti. Kirby. — Ibid. Sur le T. officinal.

— pyri. Fab. — Ibid. Sur le T. procumbent. Welt.

Sitonus meliloti. Walt. — V. Houx Il vit sur le T. offici-nal. W.

Sitonus flavescens. Marsh. — Ibid.

Phytonomus trilineatus. Marsh. — V. Luzerne. Il vit sur diffé-rentes espèces de Trèfles. Walt.

Phytonomus miles. Fab. — Ibid. W.

Hylesinus (hylurgus) trifolii. — V. Lierre. Muller

Cryptocephalus longimana. Linn. — V. Cornouiller. Il vit sur le T. des montagnes. Brez.

Lasia globosa. Schnid. — V. Luzerne. La larve vit en mineuse dans les feuilles du T. des pres, dont il range le parenchyme, et sur lesquelles elle laisse des traces analogues à celles qu'y ferait un peigne à quatre dents. Muls.

HÉMIPTÈRE.

Aphis onobrychidis. Fons Col. — V. Cornouiller. Sur les Trèfles Kaltenb.

LÉPIDOPTÈRES.

Melithœa cinxia. Fab. — V. Peuplier. Sur le T. des prés.

Zygœna trifolii. Esp. — V. Cytise. Ibid.

Dasychira fascelina. Linn. — V. Noyer. Ibid. Brez.

Bombyx trifolii. Linn. — V. Ronce. Ibid.

Hadena suasa. W. W. — V. Spartier. Ibid.

Chersotis rectangula. Fab. — V. Bruyère. Ibid.

Euclidia glyphica. Linn. — V. Luzerne. Ibid.

Herminia barbalis. Linn. — Cette Pyralide a les palpes inférieurs plus longs que le thorax et relevés au-dessus de la tête. La chenille, munie de seize pattes, est garnie de points verruqueux ; elle vit sur le T. des prés, et se renferme dans un tissu semblable à du crêpe. Dup.

G. DORYCNIUM. Dorycnicm. Tourn.

Les Dorycnium, très-voisins des Trèfles, sont attaqués par deux Hémiptères

Ligia jourdanaria. Am. — V. Spartier. Il vit sur le *D. monspeliense.*

— opacaria. H. — Sur la même plante.

G. LOTIER. Lotus. Linn

Calice campanulé, à cinq divisions profondes, étroites, presqu'égales. Etendard étalé. Ailes conniventes. Carène rostrée; style rectiligne, subulé. Légume aptère, allongé, polysperme.

Le nom de Lotus a été faussement attribué à ce genre qui ne contient aucune des espèces auxquelles les Egyptiens le donnaient.

Seulement, une de ces espèces paraît être un Mélilot, genre assez voisin de celui-ci pour que l'erreur fût possible.

Parmi les Lotiers, une espèce est comestible. Les gousses du L. *edulis* ont un goût semblable a celui des petits pois. On les mange en Italie et en Algérie.

Deux espèces sont remarquables par leur excitabilité. Linnée a observé que les fleurs du Lotier d'Arabie se rapprochent les unes des autres et s'appliquent contre le pedoncule commun , pendant que la bractée les recouvre et leur sert d'abri. Le même phéno- mène se produit dans les fleurs du Lotus Pied d'oiseau, qui révéla originairement à Garcia de Horto le sommeil des plantes.

Insectes des Lotus :

COLÉOPTERES.

Lytta sibirica. Linn. V. Catalpa. Il vit sur le L. Corniculatus. Brez.

Bruchus loti. Gyll. — V. Palmier Chamœrops.

Apion vicinum. Kirby. — V. Tamarisc. La larve subit ses mé- tamorphoses dans les gousses du L. uliginosus. Schr.

Apion loti. Kirby. — Ibid. Sur le L. corniculatus. Walton.

Apion ebeninum. Kirby. — Ibid. Sur le L. major. Walt.

HYMÉNOPTÈRE.

Anthidium Loti Perris. — Cet Hyménoptère se trouve sur les fleurs du L. uliginosus.

HÉMIPTÈRES.

Aphis onobrychydis. Fons Col. —V. Cornouiller. Sur le Lotus. Kaltenb.

Thripsphysapus. Linn. — V. Vigne. Sur les fleurs des Lotus qu'il rend fermées et renflées. Brez.

LÉPIDOPTÈRES.

Lycœna Amyntas. Fab. — V. Baguenaudier. La femelle dépose un œuf sur la fleur en bouton du L. Corniculatus, et la chenille s'y développe. Zeller.

Zygœna achilleæ. Esp. — V. Cytise. Il se repose sur les fleurs du L. Cornic. Gour.

— charon. B. D. — Ibid.

Psyche stettinensis. Hering. — La femelle de cette Psychide est aptère. La chenille est glabre ; les trois premiers segments sont cornés ; elle vit et se transforme dans des fourreaux portatifs, revêtus extérieurement de debris de végétaux.

Orgya rupestris. Ramb. — V Rosier. Il vit sur le L. Creticus.

Clisiocampa Loti. Hubn. — V. Pommier.

Sidonia plumaria. W. W. — V. Marronnier. Brez.

Speranza roraria. Esp. — V. Spartier.

DIPTÈRE.

Cecidomyia loti. Dez. — V. Groseiller. La larve vit dans les fleurs du L. corniculatus dont les pétales grandissent et s'épaississent. Winn.

SECTION.

CLITORIÉES. Clitorieæ De C.

Légume uniloculaire. Etamines le plus souvent diadelphes

G. PSORALÉE. Psoralea. Linn.

Calice cinq-fide, glanduleux. Légume de la longueur du calice.

Les Clitoriées forment une section presqu'entièrement exotique, peu nombreuse, mais elles comprennent plusieurs espèces remarquables par leur beauté, et particulièrement une qui a une grande importance industrielle : l'Indigotier, dont le produit s'est substitué au Pastel depuis la découverte de l'Amérique.

Le genre assez nombreux des Psoralées contient une espèce dont les tubercules servent d'aliment aux Indiens du Missouri. Une seule appartient à l'Europe ; le feuillage en est attaqué par la chenille de la

Zygœna dorycnii. O. — V. Cytise.

SECTION.

GALÉGEES. Bronn.

Légume uniloculaire. Etamines ordinairement diadelphes.

Feuilles primordiales dissemblables ; l'inférieure simple ; la supérieure composée.

RÉGLISSE. Glycyrrhiza. Linn.

Calice tubuleux, à cinq divisions et deux lèvres : la supérieure à quatre dents inégales, l'inférieure à une seule dent linéaire. Étendard dressé. Carène dipétale. Légume ovale, comprimé, un-quatre spermes.

Depuis les premiers âges du monde la Réglisse est, avec l'orge, le principal remède de l'homme condamné à gagner son pain à la sueur de son front ; elle étanche sa soif, rafraîchit son sang, calme ses sens agités par les passions. La Providence met encore sous la main du pauvre, de l'ouvrier, le Chien dent, la Sauge, le Sureau, la Mauve et quelques autres simples, et les maladies peuvent être prévenues sans recourir à toutes les merveilles de la pharmacie chimique.

Le nom de la *douce racine*, Glycyrrhiza, s'est singulièrement modifié en passant dans nos langues européennes, chacune suivant son génie : Réglisse en français, Regolizia en italien, Regaliza en espagnol, Licorice en anglais, Lackrizen en allemand, Lakrycya en polonais.

Insectes de la Réglisse :

COLÉOPTÈRES.

Bruchus glycyrrhizæ. Stev. — V Palmier Chamœrops.

Dorcadion glycyrrhizæ. Fab. — Ce Longicorne vit sur la Réglisse dans la Russie méridionale.

Cerambyx ruber. Linn. — Sibérie. Brez.

Pachybrachis glycyrrhizæ. Oliv. — V. Saule.

G. GALEGA. Galega. Linn.

Calice à cinq dents presqu'égales. Étendard oblong. Carène obtuse. Étamines submonadelphes. Légume cylindrique ou comprimé ; périsperme obliquement strié.

Le Galéga présente un exemple remarquable des vicissitudes,

des revers de fortune auxquels les plantes sont exposées comme les hommes. Il a joui d'une grande célébrité, d'une popularité qui a multiplié ses noms vulgaires de Galec, Avanèse, Lavanèse, Rue de Chèvre, faux Indigo , dont la plupart se rapportent aux propriétés qui lui ont été attribuées. Ses vertus médicinales ont été préconisées surtout en Italie. Il guérissait de la peste , de l'épilepsie, de la morsure des serpents ; il rendait du lait aux nourrices comme il en donnait aux chèvres. Plante tinctoriale, il fournissait de l'indigo; fourragère, il formait d'excellentes prairies artificielles. Les hommes même le mangeaient en salade. Le journal de physique de 1782 ne tarissait pas sur ses louanges. Depuis lors , tout s'est évanoui. Le Galega s'est trouvé dépossédé de toute son illustration ; mais il lui est resté sa place dans nos jardins où il plaît par ses grandes touffes fleuries, comme il décore les fraîches vallées et les ruisseaux des Pyrénées.

Insectes du Galega :

COLÉOPTÈRE.

Bruchus imbricornis. Panz. (B. Galegæ. Ziegl.) — V. Palmier. Chamœrops.

SECTION.

ASTRAGALÉES. Astragaleæ. Adans.
Légume biloculaire. Étamines diadelphes.

G. ASTRAGALE. Astragalus. Linn.
Calice à cinq dents. Carène obtuse. Légume biloculaire.

Des nombreuses espèces qui croissent dans les différentes régions du globe, l'A. Glyssyphyllus est la plus indigène , et se recommande non seulement comme tenant lieu de la Reglisse , mais encore comme plante fourragère dont la culture pourrait être fort utile en prairies artificielles dans les terres médiocres. Les graines d'une autre espèce , l'A. Bœtica , lorsqu'elles sont torréfiées , simulent le café, moins l'incomparable arôme de la *liqueur spirituelle*. Plusieurs autres, et particulièrement l'A. Cretica, nous fournissent la célèbre gomme Adragant qui, recueillie au pied du

11

mont Ida et du Liban, est fort usitée en medecine et même dans quelques préparations culinaires et industrielles.

Le nom d'Astragale, vertèbre, fait allusion à la forme noueuse des racines.

Insectes des Astragales :

COLEOPTÈRES.

Lylta sibirica. Linn. — V. Catalpa. Sur l'A. glycyphyllus en Sibérie. Brez.

Apion astragali. Payk. — V. Tamarisc. Sur l'A. Glyc. Walton.

LEPIDOPTERES.

Lycœna cyllarus. Fab. — V. Baguenaudier.

Cloantha perspicillaris. Linn. — V. Prunier. Brez.

Toxocampa astragali. Ramb. — La larve de cette Noctuélide est atténuée postérieurement, un peu renflée au milieu, parsemée de poils isolés ; elle se renferme dans des coques légères dans la mousse à la surface de la terre.

Lusoria. Linn. — Ibid.

Colœphora astragalella. Fer.— La chenille vit sur l'Astragale. Zeller. Voir la description du fourrage.

G. OXYTROPIS. Oxytropis. Ddc.

Les Oxytropis, très-voisins des Astragales, nourrissent la chenille de la

Zygœna oxytropis. B. — V. Cytise.

TRIBU.

HEDYSARÉES. Hedysareæ. De C.

Etamines monadelphes ou diadelphes. Légume ordinairement multiloculaire.

SECTION.

CORONILLEES. Coronilleæ. De C.

Fleurs en ombelle. Légume cylindrique ou comprimé.

G. HIPPOCREPIDE. Hippocrepis. Linn.

Calice campanulé, à cinq lobes étroits et pointus. Carène dipétale. Etamines diadelphes. Légume comprimé, arqué, échancré.

L'Hippocrépide , chaussure ou fer à cheval , croît sur nos
coteaux calcaires , où il attire nos regards par la singularité de
ses gousses , dont la forme arrondie et échancrée a donné lieu à
son nom. Cette forme a aussi occasionné une erreur grossière dans
un temps où l'on croyait que les propriétés , les vertus des
plantes nous sont révélées par quelque analogie , quelque signe
extérieur. Comme on a attribué à la Pulmonaire une action salutaire sur les affections de poitrine , d'après la ressemblance de ses
feuilles tachetées , avec l'aspect que présente le poumon , l'on a
imaginé que l'Hippocrépide brisait les fers des chevaux qui la fou-
laient aux pieds.

Insectes des Hippocrépides :

LÉPIDOPTÈRE.

Zygæna hippocrepidis. O. — V. Cytise.

SECTION.

ONOBRYCHEES. Onobrycheæ. Bartl.
Fleurs en grappe, légumes comprimés.

G SAINFOIN, Hedysarum. Linn.

Calice campanulé, partagé en lanières presqu'égales. Etendard
ample. Carène obliquement tronquée , beaucoup plus longue que
les ailes. Etamines diadelphes. Légume moniliforme ou car-
céolaire , comprimé , à articulations orbiculaires ou elliptiques.

Nous réunissons , comme l'avait fait Linnée , le genre Sainfoin,
Hedysarum, au genre Esparcette, Onobrychis, dont le dernier ne
diffère du premier que par son légume en cellules non articulées.
Les espèces de l'un et de l'autre portent également le nom vulgaire
de Sainfoin ; leurs insectes vivent indifféremment sur les unes et
les autres , et ils ont été quelquefois rapportés à ces plantes sans
en distinguer l'espèce.

Le Sainfoin , qu'on écrivait Sainct Foin au XVI.ᵉ siècle, est
la plante fourragère la plus saine et en même temps la plus
agréable aux bestiaux. Il joint à ces avantages celui de se plaire

dans les terres calcaires et de médiocre qualité. Aussi son introduction dans la culture a-t-elle été précieuse au point de quin-
tupler, suivant Arthur Young , la valeur des terres qui y sont
convenables.

Parmi les Sainfoins se place une espèce célèbre, l'une des merveilles du règne vegétal , émule de la Sensitive , mais plus sen
sible encore, et dont la découverte devait appartenir à une femme,
lady Monson. C'est en parcourant les bords du Gange qu'elle a
observé le Sainfoin animé, *hedysarum desmodium , gyrans*. Linn.
Des trois folioles qui composent la feuille , la terminale s'incline
alternativement à droite et à gauche. Cette oscillation se produit
depuis le lever jusqu'au coucher du soleil. Les folioles latérales
ont un double mouvement continu de flexion et de contorsion
qui s'exécute sans l'intervention apparente d'aucun stimulant
extérieur ; elles tournent sur leur charnière , chacune à son tour,
rapidement et par saccades; l'une s'élève rapidement pendant
que l'autre s'abaisse , et en même temps elles se rapprochent ou
s'éloignent de la foliole impaire. Ces mouvements ont lieu la nuit
comme le jour ; mais pendant la nuit toute la feuille s'abat et
prend une rigidité qui semble contraster avec la mobilité des folioles latérales. Les plus profondes investigations sur la physiologie végétale n'ont pu encore arracher à la nature son secret sur
ce phénomène mystérieux.

Insectes des Sainfoins :

COLÉOPTÈRES.

Apion pisi. Fab. — V. Tamarisc. Il vit de la graine de l'Hed.
onobrychis sativa.

Apion reflexum. Schr. — Ibid. Schaum. C'est le même que
l'A. livescerum. O. Walton.

HÉMIPTERE.

Aphis onobrychidis. Fons Col. — V. Cornouiller.

LÉPIDOPTÈRES.

Lycæna dolus. Hubn. — V. Baguenaudier. Il se pose souvent
sur le Sainfoin.

Lycæna damon. Fab. — Ibid.

Zygæna onobrychydis. Fab. — V. Cytise.

Spinthcrops delucida. Hubn. — V. Spartier. La chenille vit sur le Sainfoin. Bellier de la Ch.

Coleophora onobrychydis. FR. — V. Tilleul. La chenille vit sur le Sainfoin.

DIPTÈRES.

Cecidomyia hedysari. Blot. — V. Groseiller. Elle dépose ses œufs sur les boutons des fleurs. Les larves déterminent, en suçant la sève, le gonflement de ces fleurs en forme de galles, au milieu desquelles elles vivent en suçant les graines.

Cecidomyia onobrychidis. B. — Ibid. La larve vit dans les feuilles déformées de l'*O. sativa*.

TRIBU.

VICIEES. Vicieæ. Bronn.

Etamines diadelphes. Légumes inarticulés; cotylédons farineux.

G. CHICHE. Cicer. Tourn.

Calice gibbeux, en cinq parties et deux lèvres : la supérieure à quatre lanières; l'inferieure à une seule corolle de la longueur du calice. Etendard ample. Carène dipétale. Légume bouffi, oblique.

Dans tous les temps, le Pois chiche a été cultivé dans les contrées riveraines de la Méditerranée. Les Grecs et les Romains en faisaient t sage, non-seulement comme aliment, mais comme remède dans un grand nombre de maladies. Le principal titre qui les recommande maintenant, c'est d'être un des principaux éléments de l'*Olla Podrida*, si chère à tout Espagnol; mais sa gloire est surtout d'avoir donné son nom à Cicéron, à ce grand homme qui représentait la suprême culture du génie latin, modifié par le génie grec, et dont on a dit : « Que d'admiration pour le beau, de vénération pour la vertu, de sensibilité pour ce qui est honnête et grand ; que de douceur dans les relations sociales, de générosité et de candeur dans la vie privée et d'affa-

bilité dans la vie politique. Comme cette âme se laissait vivement émouvoir et entraîner aux dévoûments splendides et aux
nobles sacrifices ; avec quelle indignation il reprochait la soif du
pouvoir à César , la rapacité à Verrès , la débauche à Catilina, la
cruauté à Sylla. » Philarète Chales.

Insecte des Chiches :

COLÉOPTERES.

Bruchus pectinicornis. Linn. — V. Palmier. M. Stephens le
croit d'Angleterre, ainsi que M. Waterhouse ; mais M. Walton
lui donne une origine exotique. Il en a recueilli beaucoup d'individus du C. *arietinum* qui se trouvaient sur des vaisseaux de la
Chine et des Indes , stationnés dans les docks de Londres.

G. VESCE. VICIA. Linn.

Calice campanulé , à cinq dents inégales , plus courtes que la
corolle. Etendard déployé , ascendant. Légume comprimé , polysperme.

Ce genre comprend , outre la plante fourragère si connue , les
Fèves plus connues encore , célèbres même dès une haute antiquité , surtout par la profonde aversion que les Egyptiens avaient
pour elles. Pythagore , à leur exemple , les interdisait à ses dis-
ciples qui cachaient rigoureusement le motif de cette interdiction,
au point qu'une pythagoricienne se coupa la langue pour être
plus sûre de garder le secret. Les philosophes s'épuisaient en hy-
pothèses à cet égard. Aristote ênseignait que la Fève était née en
même temps que l'homme ; que sa conformation offrait une
grande ressemblance avec celle du corps humain , et que par
conséquent les Fèves devaient , par suite de la transformation ,
être animées par des âmes humaines. Cicéron pensait que l'interdiction des Fèves aux prêtres était fondée sur ce qu'étant trop
échauffantes , elles détruisaient le calme nécessaire pour faire des
songes divinatoires. Saint Jérôme défendait aux religieuses l'usage
des Fèves , et il en donnait la raison (1).

(1) In partibus genitalibus titillationes producunt.

Tout cela paraît démontrer que les anciens ne mangeaient pas de Fèves comme nous, à demi-formees, assaisonnées de crême et de sarriette, et parfaitement innocentes. Cependant je ne puis croire qu'Horace les aimait dans toute leur âpreté, lorsqu'il disait : « Quand verrai-je, en dépit de Pythagore, un plat de Fèves sur ma table ? » etc.

O quando Faba, Pythagoræ cognatus, simulque,
Uncta satis pingui ponentur oluscula lardo ?

Sat. lib. 2.

La Fève a aussi joué un rôle politique. Elle était employée par les Grecs pour donner leur suffrage. Chez nous, elle se cache dans un gâteau pour donner la royauté. Heureux qui ne la prend pas dans le siècle où nous sommes.

Insectes des Vesces :

COLEOPTERES.

Bruchus affinis. Steph. — V. Palmier. La larve se trouve dans les gousses du V. sepium. Walt.

Bruchus granarius. Fab. — V. Ble.

—— — rufimanus. Sch. (B. viciæ Sturm.) — V. Ibid. Sur le V. arn.

Apion viciæ. Payk. — V. Tamarisc. La larve subit toutes ses métamorphoses dans le V. sativa.

Apion craceæ. Linn. — V. Ibid. M. Waterhouse a trouvé quelques individus dans les capsules du V. cracea. M. Walton l'a trouvé sur le Chêne et le Frêne, et jamais sur le V. cr.

Apion pomonæ. Fab. — Ibid. M. Walton l'a trouvé sur le V. Sepium.

Apion punctigerum. Germ. — Ibid. Sur le V. sepium. Walt.

—·— æthiops. Herbst. — Ibid. Sur le V. sepium. Walt.

—·— spencei. Kirby. — Ibid. Sur le V. cracea. Walt.

—·— gyllenhalii. Kirby. — Ibid. Sur le V. cracea.

Phytonomus trilineatus. Marsh. — V. Luzerne. Sur différentes espèces de V. Walt.

Phytonomus variabilis. Herbst. — Ibid.

Phytonomus viciæ. Gyll. — Ibid.
Lasia globosa Muls. — V. Luzerne. Ibid.

HÉMIPTÈRES.

Cimex scarabæoides. Linn. — V. Tilleul.
Aphis isatidis. Fons Col. — V. Cornouiller. Sur le V. faba.
——— fabæ. Scop. — Ibid. Ce puceron est quelquefois en si grand nombre qu'il détruit la récolte.
Aphis craccæ. Linn. — Ibid.

LÉPIDOPTÈRES.

Colias palœno. Linn. — V. Cytise.
Psyche stettinensis. Hering. — V. Lotus.
Toxocampa craceæ. Fab. — V. Astragale.
——— viciæ. Hubn. — Ibid.
Acidalia aureolaria. Fab. — V. Groseiller.
——— remutaria. Hubn. — Ibid.
Colèophora vicinella. Hubn. — V. Tilleul. La chenille vit sur le V. cracea. Zeller.

G. ERS. Ervum. Linn.

Calice à cinq lanières égales , de la longueur de la corolle , stigmate capitellé. Légume court , comprimé.

Les Lentilles, l'espèce principale de ce genre, ont dans la Bible un brevet irrécusable d'ancienneté comme aliment ; le droit d'ainesse vendu par Esaü à Jacob était la figure mystérieuse de la substitution des Gentils aux Juifs dans la grande promesse de la rédemption du genre humain. Les Grecs et les Romains faisaient de ce légume un grand usage comme nourriture et comme remède à un grand nombre de maladies ; l'empereur Auguste reconnaissait devoir aux Lentilles le rétablissement de sa santé. On les faisait germer avant de les cuire et de s'en nourrir, afin de développer leur principe sucré. L'art de les préparer était réputé si important, qu'Athénée, le Pline de la Grèce, qui vivait au III.ᵉ siècle, fait dire aux Stoïciens, dans son banquet des philosophes, que *le sage fait bien toutes choses , et qu'il assaisonne parfaitement les Lentilles.*

Insectes des Ers.

COLÉOPTÈRES.

Bruchus nubilus. Dej. (B. ervi. Ziegl. — V. Palmier chamœrops.

Apion ervi. Gyll. — V. Tamarisc.

G. POIS. Pisum. Linn.

Calice campanulé , à cinq divisions foliacées ; les deux supérieures plus courtes que les inférieures. Etendard ample , relevé ; Carène velue en dessus. Légume oblong , non ailé.

Les Petits Pois , légume par excellence quand ils sont fins , tendres , sucrés , à la crème ou au jus , ou à l'anglaise ; quand ils ne se noient pas dans l'eau ; quand ils ne sont pas trop hâtifs , parce qu'ils n'ont pas de saveur ; il est vrai qu'ils ont alors le mérite d'être chers; quand ils ne sont pas tardifs, parce qu'on en est las ; en un mot, il faut manger les Petits Pois avec les riches, comme les Cerises avec les pauvres. Cependant la Providence y a pourvu pour tout le monde en créant le Pois sans parchemin, dont on mange tout et à bon marché.

Ce légume si recherché et si vulgaire, cultivé dans tous les lieux et dans tous les temps, a une origine étrusque , si nous en croyons le savant étymologiste St. Isidore de Séville , qui dérive Pisum, de Pise, l'antique colonie arcadienne établie sur les bords de l'Arno.

Insectes des Pois.

HÉMIPTÈRES.

Aphis onobrychidis. Fons Col. — V. Cornouiller. Il vit sur les Lathyrus. Kults.

Odontothrips phalerata. Hal. — V. Vigne. Sur les fleurs du L. pratensis.

LÉPIDOPTÈRES.

Leucophasia lathyri. Hubn. — V. Sinapis.

Hadena pisi. Linn. — V. Spartier.

Noctua brunnea. Fab. — V. Saule.

Calocampa exoleta. Linn. — La chenille de cette Noctuélite est rase, atténuée aux deux extrémités; elle s'enferme dans une coque de terre, profondément enterrée.

Fidonia atomaria. Linn. — V. Marronier.

Ephippiphora lathyrana. Hubn. — V. Orme.

G. OROBE. Orobus. Linn.

Calice campanulé, à cinq divisions; les deux supérieures plus courtes. Légume comprimé, oblong; valves tordues en spirale.

Le nom d'*Orobus* et celui d'*Ervum* qui paraissent provenir l'un de l'autre, semblent avoir été employés comme synonymes par les anciens pour désigner les Ers. Cependant le premier a été donné par les modernes à un genre différent, mais analogue, de plantes légumineuses, cultivées dans les jardins pour la beauté de leurs fleurs, et qui pourraient l'être avec avantage comme plantes fourragères, surtout dans les terrains argileux. L'une des espèces a, comme la Gesse tubéreuse, les racines munies de tubercules également alimentaires, et employés comme tels en Ecosse.

Plusieurs espèces croissent dans les Pyrénées, et entr'autres celle dont la beauté frappa Tournefort dont elle porte le nom, lorsqu'il eut la joie de la découvrir sur le pic de Lhieris, près de Bagnères, de Bigorre.

Insectes des Orobes.

LÉPIDOPTERES.

Lycœna meleager. Esp. — V. Baguenaudier, elle vit sur l'O. noir. Dup.

Toxocampa orobi. B. D. — V. Astragale, sur les Oropes. Guénée.

Ephippiphora orobana. Tr. — V. Orme.

TRIBU.

PHASÉOLÉES. Phaseoleæ. Bronn.

Etamines monadelphes ou diadelphes. Legume polysperme. inarticulé. Cotylédons épiges.

G. HARICOT. Phaseolus. Linn.

Calice campanulé, bilabié ; lèvre superieure bidentée; lèvre inférieure tripartie. Etamines diadelphes, contournées en spirale avec la carène et le style. Légume comprimé ou cylindrique.

Le Haricot, cette utile légumineuse, est d'origine indienne ; il fut peut-être un des trophées d'Alexandre-le-Grand. Son nom grec et latin vient de *phaselos*, petit navire, à cause de la forme de la graine, et il s'est modifié en *fasiole* dans le français du moyen âge. Le nom de Haricot a une étymologie plus singulière, suivant Ménage. Il dérive de Faba, *Fabarius, Fabaricus, Fabaricotus, Faricotus*, Haricot, par le changement ordinaire de l'*f* en *h* : comme en *hors*, de *foris*; en *habler*, de *fabulare*, etc. Il faut ajouter à l'appui de cette opinion d'après laquelle la Fève a fait tant de chemin pour arriver au Haricot, que son nom s'applique à la plante, et non seulement à la graine qu'elle produit, mais encore à celles d'un grand nombre d'autres plantes, comme la Fève de Tonka (1), de Moka (2), de Malabar (3), de Carthagène (4), du Bengale (5), de Saint-Ignace (6). On l'a donné au Haricot même qui a été appelé Fève marine, peinte, de Haricot. On l'a étendu même, à cause de sa forme, a la chrysalide des papillons et à plusieurs coquilles.

Les Haricots sont d'un usage si utile, si agréable, si étendu, que la culture en a produit un grand nombre de variétés, indépendamment de plusieurs espèces étrangères qui sont venues se

---

(1) Dipterix odorata.
(2) Café.
(3) Cassuvium pomiferum.
(4) Hippocratea scandens.
(5) Spondias citrina.
(6) Strychnos.

joindre à la vulgaire : c'est ainsi que nous possédons les Haricots de Soissons, d'Orléans, du Canada, de Hollande, de Prague, de Lima, de la Chine, les Haricots suisse, princesse, flageolet, prédome, riz, sabre, ventre-de-biche, nègre, gris de Bagnolet, Sophie, mongette et tant d'autres.

Quant à l'usage des Haricots, il est universel. Ils s'harmonisent tellement avec certains mets qu'ils sont inséparables du gigot de mouton ; un autre mets porte le nom de Haricot, parce que ce légume en faisait partie obligée ; mais l'usage l'en a banni et le nom lui reste sans la chose.

Parmi les espèces exotiques de ce genre nombreux, plusieurs sont cultivées comme plantes d'agrément : telles sont les Haricots d'Espagne, dont les fleurs décorent nos tonnelles, le Grand-Étendard, qui répand une odeur suave dans nos serres, le Carocole dont la corolle s'allonge à mesure qu'elle s'épanouit, se contourne en spirale et figure une coquille de limaçon.

Insectes des Haricots :

COLÉOPTÈRES.

Scymnus minimus. Gyll. — V. Pin Sylvestre. Il détruit le *Tetranychus telarius acaridien* qui infeste les Haricots.

Dermestes pisorum. Linn. — V. Hêtre.

Bruchus pisi. Fab. — V. Palmier.

Apion pisi. Fab. — V. Tamarisc.

HÉMIPTÈRES.

Aphis ononidis. Kult. — V. Cornouiller.

—-— Onobrychidis. Frons Col.'— Ibid.

LÉPIDOPTÈRES.

Hadena pisi. Linn. — V. Spartier.

Acronycta pisi. Linn. — V. Tilleul.

G. GESSE. LATHYRUS. Linn.

Calice campanulé, à cinq divisions ; les deux supérieures plus courtes. Étendard simple, redressé. Carène semi-circulaire. Légume comprimé, oblong, polysperme.

Les espèces assez nombreuses de ce genre se font remarquer par les modifications que subissent toutes les parties. La tige ordinairement munie de feuilles et de vrilles, est quelquefois dénuée des unes ou des autres ; les fleurs varient de grandeur et de couleur ; les gousses présentent une grande diversité de forme, de dimension, de contexture ; les racines sont quelquefois tuberculeuses et offrent alors un aliment qui, sous le nom de gland de terre, et avec la saveur de la châtaigne, avait eu quelqu'importance avant la pomme de terre. Elles sont encore recherchées en Hollande. Les graines de la Gesse cultivée sont aussi alimentaires ; on en mélange la farine avec celle des céréales ; mais il faut éviter que la proportion n'en soit trop forte, car il en résulte des paralysies incurables. La même espèce est cultivée comme plante fourragère et reconnue excellente dès l'antiquité, par Varron, Palladius et Columelle. Enfin une espèce charmante, dont Ceylan et la Sicile se disputent l'origine, la Gesse odorante, le Pois de senteur, jouit d'une grande popularité due au parfum suave de ses jolies fleurs, et elle a sa place au jardin du riche comme à la fenêtre du pauvre.

Insectes des Gesses.

COLÉOPTÈRES.

Bruchus lathyri. Steph. — V. Palmier. La larve vit sur la L. pratensis. Walt.

Apion subulatum. Kirby. — V. Tamarisc. Sur le L. pratensis. Walt.

——— Ervi. Kirby. — Ibid.

Apion pomonæ. Fad. — Ibid. La larve se nourrit des graines du L. Sylvestris.

G. DOLIC. DOLICHUS. Linn.

Calice dibractéolé, campanule, à cinq dents ; les deux supérieures rapprochées. Étendard suborbiculaire, plissé et calleux à la base. Ailes oblongues, obtuses. Carène curviligne, non en spirale. Etamines diadelphes.

Ce genre ressemble assez au précédent pour faire soupçonner que l'espèce décrite par Théophraste est un Haricot : le nom fait allusion à la longueur de la gousse. Ces plantes, fort nombreuses, appartenant toutes aux climats chauds, le midi de la France convient à plusieurs d'entre elles. C'est ainsi qu'on y cultive le Dolic d'Égypte et celui à œil noir, dont on mange les graines. Quelques autres présentent de l'intérêt à d'autres titres. Le Dolic bulbeus, de l'Inde, fournit un aliment agréable, dans sa racine renflée et arrondie, que l'on peut comparer au Navet et à l'Igname. Le Dolic ensiforme, immense liane de l'Amérique méridionale, a la gousse en forme de sabre, d'un mètre de longueur. Le D. *funarius*, dont les longues tiges servent de cable au Chili; le D. *urens*, qui doit son nom aux poils roides et piquants de ses gousses, se détachant au moindre contact et s'implantant dans la peau de manière à causer de très fortes demangeaisons. Quelques médecins ont eu et exécuté avec succès, dit-on, la singulière idée d'administrer ces poils dans un sirop épais, pour que, pénétrant dans le corps des vers intestinaux, ils pussent les faire périr. Nous mentionnerons enfin le D. Soja, dont les graines fournissent aux Japonais l'assaisonnement célebre que les Anglais leur ont emprunté sous le nom de *saye*.

Insectes des Dolics.

HÉMIPTÈRE.

Aphis Isatis. Fons Col. — V. Cornouiller. Il vit sur les Dolics cultivés en Provence.

FIN DE LA DEUXIÈME PARTIE.

TABLE ALPHABÉTIQUE

DES PLANTES MENTIONNÉES DANS L'OUVRAGE.

Lille-Imp. L. Danel

www.ingramcontent.com/pod-product-compliance
Lightning Source LLC
Chambersburg PA
CBHW050104210326
41519CB00015BA/3820